DIE BLUMEN DES HIMALAYA

Jamaica Kincaid

DIE BLUMEN DES HIMALAYA

Aus dem Englischen
von Nadine Lipp

TERRA MATER
BOOKS

herzusehen und fand auch einige Male statt, wobei Kincaid und ihre Freunde glimpflich davonkamen. Der große Schrecken kam erst *post festum,* als sie alle wieder zu Hause waren und erfuhren, dass der Flughafen, in dem sie tagelang campiert und auf ein Flugzeug gewartet hatten, das sie ausfliegen sollte, von den Guerillatruppen überfallen worden war. Dabei hat es Tote gegeben.

Was dieses Buch sicher nicht ist, ist eine fachliche Abhandlung über die Flora Nepals auf seinen unterschiedlichen Höhenlagen, obgleich die Pflanzen, deren Samen ihnen allen so wichtig waren, immer wieder genannt wurden. Doch wenn man ihnen tatsächlich begegnete, wollte man sie lieber abgeblüht und samentragend sehen. Dieses Buch ist vielmehr eine Charakterstudie von Menschen, zu deren Leidenschaft es gehört, der Samen von ausgefallenen Pflanzen habhaft zu werden, nach Möglichkeit auch noch derer von allen Erscheinungsformen ihrer Art, sei es für den eigenen Staudengarten (wie Kincaid, die sich nur für jene Pflanzen interessiert, die in ihrem Garten in Vermont überleben würden) oder sei es für eigene Nachzuchtversuche beziehungsweise den professionellen Samenhandel. Dass sie dafür die mögliche Gefährdung ihres Lebens auf sich nehmen, zeugt von der Ernsthaftigkeit ihres Begehrens, das – laut Kincaid – bei den Pflanzenjägern ein Gefühl der Selbstermächtigung, als wären sie göttergleich, auslöst, so als hätten sie die jeweilige Pflanze selbst entworfen (erfunden) und niemand, der den blauen Scheinmohn *(Codonopsis grandis)* als Schmuckpflanze in seinen Garten setzt, könne es ihnen gleichtun.

Jamaica Kincaid

DIE BLUMEN DES HIMALAYA

Aus dem Englischen
von Nadine Lipp

TERRA MATER
BOOKS

1. Auflage

Gesetzt aus der Palatino, Ernestine Pro, EnglishGrotesque

Medieninhaber, Verleger und Herausgeber:
Red Bull Media House GmbH
Oberst-Lepperdinger-Straße 11–15
5071 Wals bei Salzburg, Österreich

Satz: MEDIA DESIGN: RIZNER.AT
Umschlaggestaltung: b3K design, Andrea Schneider, diceindustries
Fotos: Daniel J. Hinkley
Landkarte: Copyright © 2005 National Geographic Society
Printed in Slovakia
ISBN 978-3-99055-008-3

Für Jonathan Galassi

Inhalt

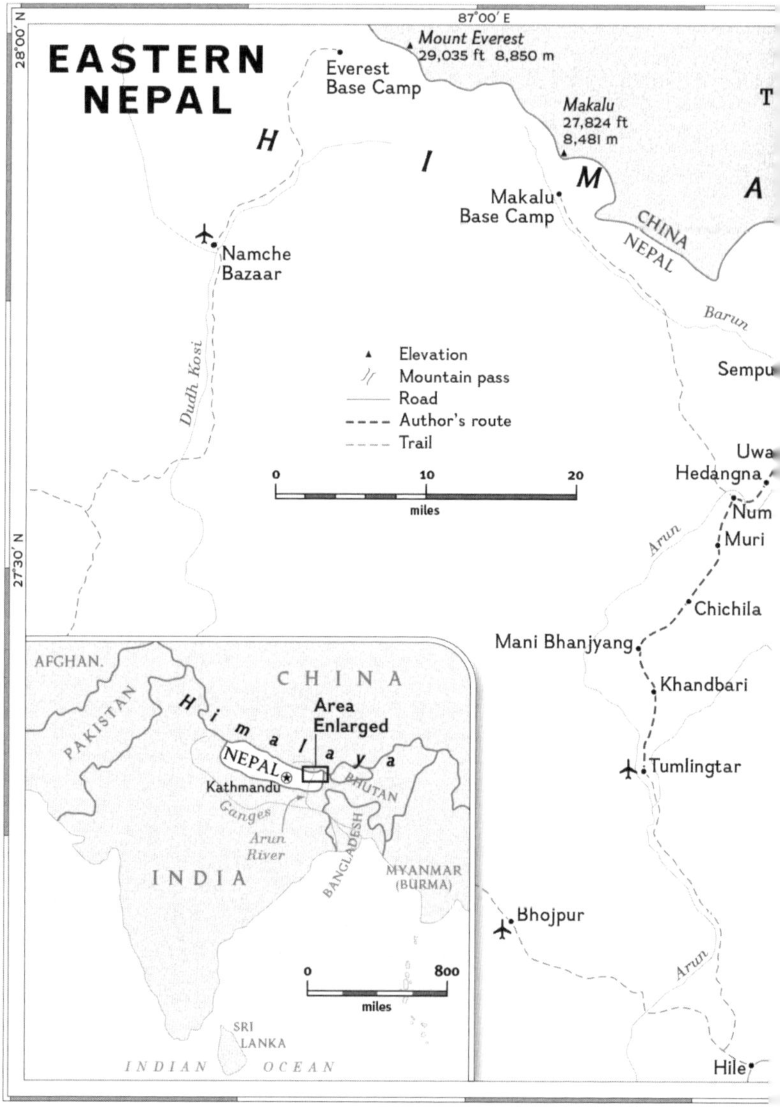

87°00′ E
28°00′ N
27°30′ N
EASTERN NEPAL
Mount Everest
29,035 ft 8,850 m
Everest Base Camp
Makalu
27,824 ft
8,481 m
Makalu Base Camp
H I M A
T
CHINA
NEPAL
Namche Bazaar
Dudh Kosi
Barun
Sempu
Elevation
Mountain pass
Road
Author's route
Trail
0 10 20
miles
Uwa
Hedangna
Num
Muri
Arun
Chichila
Mani Bhanjyang
Khandbari
Tumlingtar
Bhojpur
Arun
Hile
AFGHAN.
PAKISTAN
CHINA
Himalaya
Area Enlarged
NEPAL
Kathmandu
BHUTAN
Ganges
Arun River
BANGLADESH
MYANMAR (BURMA)
INDIA
0 800
miles
SRI LANKA
INDIAN OCEAN

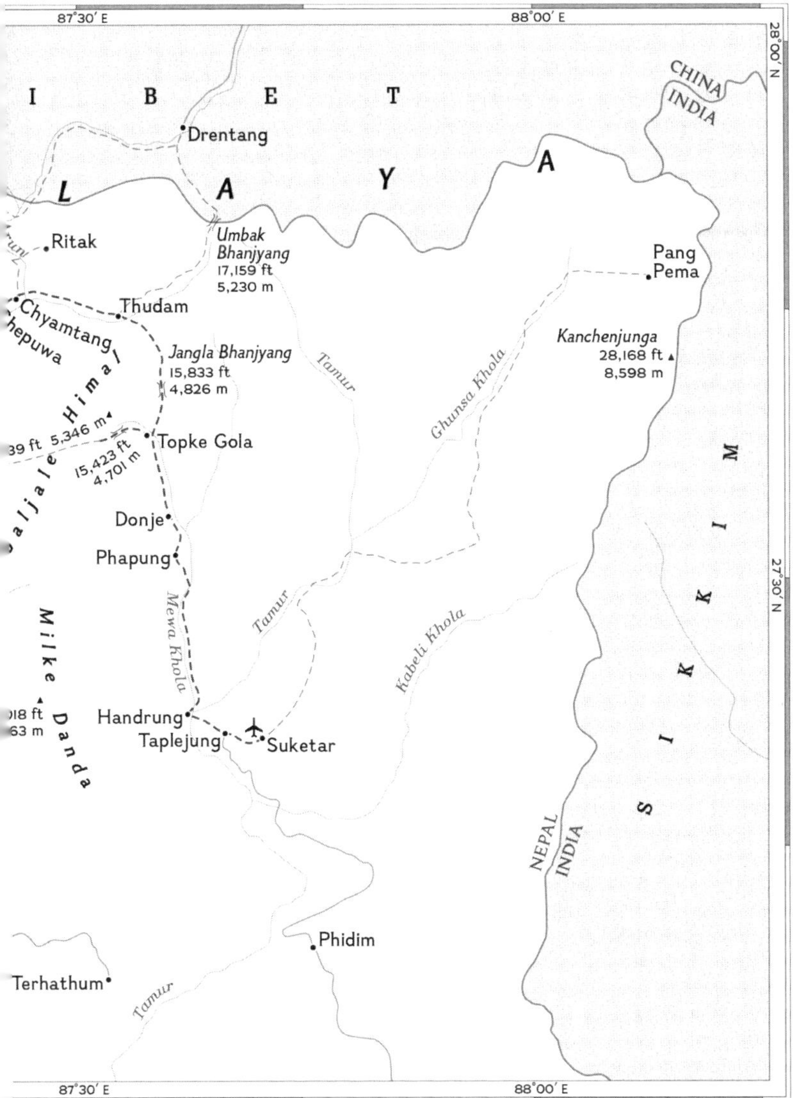
87°30′ E
88°00′ E
28°00′ N
27°30′ N
I B E T
L A Y A
CHINA
INDIA
Drentang
Ritak
Umbak
Bhanjyang
17,159 ft
5,230 m
Pang
Pema
Thudam
Chyamtang
Jangla Bhanjyang
15,833 ft
4,826 m
Kanchenjunga
28,168 ft
8,598 m
Tamur
Ghunsa Khola
Topke Gola
15,423 ft
4,701 m
5,346 m
Donje
Phapung
Mewa Khola
Kabeli Khola
Milke Danda
Handrung
Taplejung
Suketar
S I K K I M
NEPAL
INDIA
Phidim
Terhathum

VORWORT

von Barbara Frischmuth

Jamaica Kincaid ist eine außergewöhnliche Schriftstellerin mit karibischen Wurzeln und einem Garten in Vermont (USA), wo sie seit vielen Jahren lebt. Ich fasse das alles in einen Satz, weil man nicht mehr über sie zu wissen braucht, um sich für dieses Buch zu interessieren.

Die Blumen des Himalaya ist eine Darstellung (ich vermeide absichtlich das Wort »Beschreibung«) dessen, was sie während einer etwa zehntägigen Reise durch Nepal in Begleitung von drei Pflanzenjägern (einer Frau und zwei Männern) gesehen, und mehr noch, empfunden hat.

Kincaid war schon einmal mit Daniel J. Hinkley, der die Nepal-Reise organisiert hat, in Südwestchina gewesen, wo Hinkley ebenfalls Samen für seinen professionell betriebenen Staudenhandel gesammelt hatte. Die Reise durch Ost-Nepal führte nun, wie auf der beiliegenden Karte nachvollziehbar, von Kathmandu bis zur Grenze von Tibet und auf anderen Wegen, ich sollte besser sagen Pfaden, wieder zurück, wobei es bis in Seehöhen von 3000 bis 5000 Metern ging.

Das Ganze fand Anfang der Nullerjahre statt, nachdem der König von Nepal das Parlament aufgelöst hatte und maoistische Guerillas vor allem den Osten des Lands unsicher machten. Die Begegnung mit ihnen war also vorherzusehen und fand auch einige Male statt, wobei Kincaid und ihre Freunde glimpflich davonkamen. Der große Schrecken kam erst *post festum,* als sie alle wieder zu Hause waren und erfuhren, dass der Flughafen, in dem sie tagelang campiert und auf ein Flugzeug gewartet hatten, das sie ausfliegen sollte, von den Guerillatruppen überfallen worden war. Dabei hat es Tote gegeben.

Was dieses Buch sicher nicht ist, ist eine fachliche Abhandlung über die Flora Nepals auf seinen unterschiedlichen Höhenlagen, obgleich die Pflanzen, deren Samen ihnen allen so wichtig waren, immer wieder genannt wurden. Doch wenn man ihnen tatsächlich begegnete, wollte man sie lieber abgeblüht und samentragend sehen. Dieses Buch ist vielmehr eine Charakterstudie von Menschen, zu deren Leidenschaft es gehört, der Samen von ausgefallenen Pflanzen habhaft zu werden, nach Möglichkeit auch noch derer von allen Erscheinungsformen ihrer Art, sei es für den eigenen Staudengarten (wie Kincaid, die sich nur für jene Pflanzen interessiert, die in ihrem Garten in Vermont überleben würden) oder sei es für eigene Nachzuchtversuche beziehungsweise den professionellen Samenhandel. Dass sie dafür die mögliche Gefährdung ihres Lebens auf sich nehmen, zeugt von der Ernsthaftigkeit ihres Begehrens, das – laut Kincaid – bei den Pflanzenjägern ein Gefühl der Selbstermächtigung, als wären sie göttergleich, auslöst, so als hätten sie die jeweilige Pflanze selbst entworfen (erfunden) und niemand, der den blauen Scheinmohn *(Codonopsis grandis)* als Schmuckpflanze in seinen Garten setzt, könne es ihnen gleichtun.

Was aber dieses Buch jenseits aller pflanzlichen Raritäten am Fuße des Himalayas wie zum Beispiel blauer Scheinmohn, Nepal-Lilie *(Cardiocrinum giganteum)* oder panaschierte Einbeere *(Paris variegata)* so einprägsam macht, ist die Sprache von Kincaid, die sich als *poesie noir* durch alle Spalten, selbst durch die Haarrisse, der erlebten Entfremdung zwängt und einem gerade durch ihr ständiges Nachfragen das Geühl gibt, man hätte sich die vielen täglichen Kilometer bergauf oder bergab mit den eigenen Füßen ergangen, um dann kurz vor dem Dunkelwerden in einem Schlafsack unter überhängenden Felsen der physischen und psychischen Erschöpfung nachzugeben.

Kincaid beherrscht die Kunst, unerwartete Details in erwartbaren Situationen aufzuspüren, die sich, weder schwarz noch weiß, in den verschiedensten Farben und Nuancen präsentieren und damit sich verfestigende Meinungen gleich wieder ins Wanken bringen.

Auch was Jamaica Kincaid zum Phänomen Garten zu sagen weiß, ist Philosophie und Literatur zugleich. Ihre Ausdrucksweise scheint von Antagonismen getrieben zu sein, von ihrer Angst vor so vielem wie zum Beispiel Blutegeln oder einer bestimmten Art von Fledermäusen, vor abschüssigem Gelände, von dem sie im Schlaf abrutschen, oder Steinen, die auf sie fallen könnten, und, nicht zu vergessen, vor den maoistischen Guerillas. All diesen Ängsten entgegnet sie mit ihrer Lust, sich zu isolieren (ganz allein auf der Welt) und alles als fremd zu empfinden, ohne es ihren Befürchtungen zu gestatten, ihr die

Liebe zu den Dingen in weiter Ferne zu nehmen, auch wenn sie diese gar nicht besitzen möchte.

In *Die Blumen des Himalaya* steht so vieles, worüber nachzudenken sich lohnt. Nicht zuletzt über das Verhältnis zwischen Natur und Mensch, das einem durch ihre Beobachtungen derer, die in diesem Land leben und in ihm verwurzelt sind, wie nebenbei bewusst wird, ohne dass sie das Wort Natur bemühen müsste.

Und wenn Jamaica Kincaid gegen Schluss, während sie einen letzten Blick in die Runde wirft, befürchtet, dass es nicht lange dauern würde, bis sie bezweifelte, je an diesem Ort gewesen zu sein, kann ich nur sagen, dass ich noch sehr lange nicht bezweifeln werde, mit ihr an all diesen Plätzen gewesen zu sein. Zumindest in meiner Vorstellung.

NACH KATHMANDU

Ob ich nicht ein Buch schreiben wolle, ein kleines über irgendeinen Ort auf dieser Welt, und dorthin reisen wolle, um etwas zu tun, was ich gerne tat, wurde ich im Jahr 2000 gefragt. Sofort war klar: Ich will in den südwestlichen Teil Chinas, durch seine Flora wandern und Pflanzensamen sammeln, aus denen eines Tages blühende Sträucher und Bäume und krautige Stauden in meinem Garten wachsen könnten. Zwei Jahre zuvor, 1998, war ich schon einmal da. Ich hatte den herausragenden amerikanischen Botaniker, meinen Freund Daniel Hinkley und mehrere seiner Botaniker-Kollegen bei einer Pflanzen- und Samenjagd durch die Provinzen Yunnan und Sichuan begleitet. Die Reise nahm ihren Anfang in Kunming, einer Stadt, die so heiß ist, dass ich schon mit den Pflanzen des Gartens in meiner karibischen Heimat gerechnet hatte. Und ich freute mich auf die mögliche Entdeckung einer tropischen Version von *Liriodendron tulipifera*, eines Tulpenbaums, bekannt durch William Bartrams Reisen. Aber daraus wurde nichts. Wir sind aufs Land und in die Berge bis auf 4267 Meter Höhe. Ich sammelte Samen von Primel-, Schwertlilien-, Wacholder-, Rosen-, Pfingstrosen-, Spiersträucher-, Zwergmispeln- und Schneeball-Arten, von denen einige nun in meinem Garten wachsen.

Während dieses Abenteuers taten sich viele Schwierigkeiten auf – aber letztlich waren es immer Luxus-Probleme. Etwa konnte und mochte ich mich nicht mit den Umgangsformen meiner Gastgeber bei Tisch anfreunden. So bin ich der Meinung, dass da, wo gegessen wird, sei es die Küche oder das Esszimmer, in einiger Entfernung sein sollte von dort, wo der Verdauungsprozess sein Ende nimmt.

Kein einziges Mal war mein Leben wirklich in Gefahr, nicht einmal, als ich in einem Bus auf einer Straße nahe des über die Ufer tretenden Jangtse unterwegs war.

Am schwierigsten war oft die innere Entfernung von meinem »anderen« Leben, die berühmt-berüchtigte Entfremdung, das Interessante, träumerisch Irritierende an der großen Distanz zu allem Bekannten.

Als ich also gefragt wurde, was ich irgendwo in der Welt tun wollte, hatte ich sogleich diese Reise vor zwei Jahren in den Südwesten Chinas im Sinn. Ich rief Dan Hinkley an und sagte: »Komm, fahren wir wieder nach China!« Als Gärtner, Botaniker und gerade flügge werdender Gartenarchitekt fährt Dan ein- oder zweimal im Jahr an einen entlegenen Ort und sammelt Samen. Er braucht das, um die intellektuelle Neugier des Pflanzenfreunds und Botanikers zu stillen, zieht daraus aber auch einen unternehmerischen Nutzen. Als ich ihm das südwestliche China für ein Pflanzensammelabenteuer vorschlug, meinte er: »Warum nicht gleich was wirklich Aufregendes, warum nicht Nepal? Wir gehen auf einen Treck, und suchen nach Scheinmohn *(Meconopsis)?*«

Schon im Oktober 1995 war Dan zum ersten Mal auf einer Samensammel-Expedition in Nepal, in den Wäldern von Milke Danda in der Region Jaljale Himal. *Milke Danda, Jaljale Himal!* Wie schön sich diese Wörter auf Papier zu einem Ganzen fügen!

1998, als ich Dan und seine Botaniker-Gefährten begleitet hatte, war mir eine Faszination noch neu: nämlich, dass allein die Erwähnung eines Ortes, das sachte Artikulieren seines Namens zu tiefem Sehnen führen konnte, zu dem intensiven Wunsch, wieder dort oder zumindest in der Nähe zu sein.

Dans erster Besuch in Nepal hatte ihn nicht losgelassen. Er wollte wieder dort hin. Vielleicht vernahm ich auch ebendiese besondere, starke Sehnsucht in seiner Stimme, als er die Reise vorschlug. Ich weiß es nicht mehr genau. Aber so wurde es Nepal.

Die Abreise war für Oktober 2001 geplant. Ab Frühjahr trainierte ich jeden Tag. Dan hatte gewarnt, dass die Reise anstrengend werden würde, unvorstellbar schwer, und dass ich meinen Körper auf die physischen Herausforderungen, die da kommen würden, vorbereiten musste. So bin ich Kilometer um Kilometer gelaufen, habe gezielt mit Gewichten trainiert, um die Muskeln in den Beinen zu stärken. Man hat mir empfohlen, mit einem Rucksack voller Steine herumzulaufen, um den Oberkörper zu kräftigen. Ich hab's gemacht.

Dan erwähnte noch, dass ich ein neues Paar Wanderschuhe bräuchte, und dass ich sie einlaufen müsste. Also habe ich sie die ganze Zeit getragen – im Garten, zum Einkaufen, sogar wenn ich zu einem Abendessen ausging. Alles lief gut bis gegen Ende August: Da fiel mir ein, dass mir mein Reisebüro meinen Pass, mit dem darin eingeprägten Visum des Royal Nepalese-Generalkonsulats in New York, nicht zurückgeschickt hatte. Alles Nachfragen im Reisebüro half nicht. Der Pass mit dem eingestempelten Visum des nepalesischen Konsulats in New York war weg.

Ich beantragte einen neuen Pass und erhielt ihn innerhalb von wenigen Tagen; ich beantragte ein Visum und erhielt innerhalb von wenigen Tagen das Ein- und Ausreisevisum für Nepal. Ich ließ mich impfen gegen Krankheiten, bei denen ich nicht wusste, ob ein Gegenmittel existierte (Tollwut), und gegen Krankheiten, deren Existenz mir bis dahin unbekannt war, wie etwa die Japanische Enzephalitis. Ich war also ganz und gar reisebereit. Aber dann stellte sich ein Existenz-verändernder Zustand ein, genannt »die Ereignisse vom 11. September«. Ich bin letztlich sehr dankbar für diese typisch amerikanische Fähigkeit, vieles auf Abkürzungen zu reduzieren, denn wenn ich nun *die Ereignisse vom 11. September* schreibe, muss ich keine richtige Erklärung, keine detaillierte Erläuterung darüber abgeben, warum ich diese Reise erst ein Jahr später antrat.

Im darauffolgenden Frühling, im Jahr 2002, nahm ich mein Trainingsprogramm wieder auf. Ich trainierte so viel, dass ich gegen Ende Juni nur noch humpelte. Der rechte Fuß machte Probleme. Auf dem Röntgenbild war nichts zu erkennen, aber der Fuß tat sehr weh.

Dann beschlossen mein damals dreizehnjähriger Sohn Harold und ich kurzerhand, dass er mit auf die Reise käme. Aber schon Ende August sahen wir ein, dass das nicht klappte. Dan schrieb mir eine E-Mail, in der er nach

Passnummern und anderen Dokumenten für die weitere Organisation fragte. In diesem Moment fiel es Harold wie Schuppen von den Augen: Nein, er würde nicht mitgehen – als ob die ganze Idee vollkommen lächerlich gewesen wäre.

Später sollte es viele Gelegenheiten geben, bei denen ich mich freute, dass seine Entscheidung so ausfiel. Ich schrieb Dan: »Es tut mir so leid. Harold kommt nicht mit, aber das hast du wahrscheinlich schon geahnt. Tickets und Dokumente nur für mich. Wir teilen uns ein Zelt. Übrigens: Hast du von dem Flugzeugabsturz gehört? Und von dem Bus, der wegen der Fluten von der Straße abgekommen ist, alles in Nepal? Das ist gestern passiert. Liebe Grüße an dich und Bob.«

Um diese Zeit herum beschlossen Dans Freunde, ein Botaniker-Ehepaar aus Wales, uns zu begleiten. Ich war schon immer neidisch auf die vielen Reisen zum Samensammeln nach Vietnam, Korea, Japan und China, die sie zusammen unternommen hatten. Sie hießen Bleddyn und Sue Wynn-Jones, und jedes Mal, wenn ich hörte, wie Dan sagte, dass er und Bleddyn und Sue etwas gesammelt hatten, platzte ich vor Neid. Ich möchte immer dort sein, wo es Samen zu sammeln gibt, immer an Orten, an denen ein Garten entsteht. Ich freute mich, dass sie dabei waren, und als Dan in einer seiner E-Mails schrieb: »Das wird ein Abenteuer«, vergaß ich für einen kurzen Augenblick alle Mühsal während der Vorbereitungen. Dieser Bericht über eine Wanderung, die ich unternommen habe, während ich Samen von blühenden Pflanzen an den Ausläufern des Himalaya zupfte, mag wohl von meiner Leidenschaft für den Garten rühren, von meinem Interesse von Kindesbeinen an für Botanik und Geografie. Es hat wohl auch damit zu tun, dass ich das Alleinsein genieße, dass mir die Vorstellung, der einzige Mensch in einer zu entdeckenden Welt zu sein, gefällt, dass mir das Empfinden des Andersseins vertraut ist, dass ich wohl Angst habe, aber nicht zulasse, dass sie mir im Weg steht, dass ich Sehnsucht nach Dingen habe, aber nicht den Drang sie zu besitzen.

Ich verließ mein Haus in den Bergen von Vermont im Morgengrauen, an einem Tag Anfang Oktober. Nichts war fehl am Platz. Ich bemerkte, dass die Blätter mit der Herbstfärbung spät dran waren. Aber wenn ich in meine botanischen Protokolle der letzten Jahre schaue, zeigt sich, dass ich das jedes Jahr denke. Es war warm für einen frühen Morgen Anfang Oktober, aber es ist oft warm am frühen Morgen Anfang Oktober. Und dennoch, während ich von meinem Haus wegging, hatte ich das seltsame Gefühl, dass ich das alles zum letzten Mal so sehen würde, dass beim nächsten Hinsehen, alles, was ich an diesem Morgen sah, die Berge (jene, die ich von meinem Haus aus sehen kann, vor allem der Mount Anthony), die Bäume, die Häuser, die Menschen in ihren Autos, die Straße selbst, nicht mehr so aussehen würde, dass die Erfahrung, die mir bevorstand, vieles in meinem Leben für eine lange Zeit danach beeinflussen würde, wenn nicht für immer.

Erst als ich einen Monat später zurückkehrte, fiel mir auf, wie ruhig und klar die Bäche und Flüsse sind in der Nähe von dort, wo ich lebe; wie ruhig sie sich entlangschlängeln, als wären ihre Wege alt und langweilig, ihr

Ursprung ganz in der Nähe und nicht tief verborgen an einer noch unbekannten Stelle unter der Erdoberfläche. Erst dann stellte ich auch fest, wie glatt die Seiten der Berge waren, ohne gekräuselte Kämme; wie sie in der Höhe fast einheitlich schienen, sanfte Hänge, weiche Gipfel, alt und gut erforscht. Und der Himmel über alldem? Erst als ich wieder nach Hause zurückkehrte, stellte ich fest, dass der Himmel über mir mich nie geängstigt hatte. Meist war er klar, tagsüber von einem traurigen blassen Blau, und nachts zeigte er sich in einem ins Grau gehenden Schwarz. Dass ich bei meiner Rückkehr dem Wasser, dem Land und dem Himmel besondere Beachtung schenkte, hatte mit meinen Wanderungen in den Ausläufern des Himalaya zu tun. Die Welt zu Hause, die Welt, die ich kannte, wurde zu »meiner« Welt. Dort – im Himalaya – hatte ich nur den offenen Himmel über mir. Und die weiten und offenen Räume wirkten auch aus weiter Distanz so, als seien sie von einer gewaltigen Himmelskuppel beschützt. Und der Eindruck der schier unendlichen Weite ließ sich auch von den Bergen des Himalaya nicht einengen.

Ich verließ mein Haus an einem Morgen Anfang Oktober und fuhr zum vier Stunden entfernten Flughafen. In meinen Gedanken hielt ich daran fest – obwohl lächerlich, aber dann wieder nicht –, dass ich alles zum letzten Mal sehen würde. Auf merkwürdige Weise stellte es sich retrospektiv als wahr heraus. Denn alles, was mir vertraut war, schien bei meiner Wiederkehr verändert. Natürlich war alles wie immer. Nur konnte ich es nicht mehr so sehen wie früher.

Ich verließ mein Zuhause und fuhr zu einem New Yorker Flughafen. Ich kam dort mitten am Tag an. Der Flughafen wirkte verlassen, unbelebt, steril, wie in einem Rausch. Aber ich hatte kein entsprechendes Mittel eingenommen, nicht, dass ich gewusst hätte. Ich stieg mit schwerem Herzen in das Flugzeug. Mein dreizehnjähriger Sohn hatte nicht gewollt, dass ich verreise. Beim Abschied liefen ihm Tränen über die Wangen; vor meiner Abreise hatte er Vertraute gebeten, bei mir für ihn ein gutes Wort einzulegen, mir zu sagen, wie sehr er wegen meiner bevorstehenden langen Reise an einen weit entfernten Ort litt. Ich liebe meine Kinder mehr als mich selbst, und doch setzte ich mich in ein Flugzeug nach Hongkong, um anschließend nach Nepal zu gelangen.

Auf dem Weg nach Kathmandu verbrachte ich weniger als vierundzwanzig Stunden in Hongkong. Bei diesem Kurzaufenthalt fühlte ich mich wie ein Sedimentteilchen in einer Flasche, die kräftig geschüttelt wird. Oh, dieser Wirbel! Ich war weder hier noch dort noch irgendwo. Ich war wieder am Flughafen. Der Anschlussflug war acht Stunden verspätet. Ich wurde in einen Teil des Flughafens geschickt, wo Menschen warteten, die andere Reiseziele hatten. Ich kenne moderne Flughäfen von vielen Stunden des Wartens auf Anschlussflüge. Auf einem modernen Flughafen wird man plötzlich mit Menschen konfrontiert, die sehr anders sind als man selbst; auch wenn alle ähnlich angezogen sind, haben sie sehr unterschiedliche Vorstellungen von Regeln und Abläufen. Ich bin daran gewöhnt. Dennoch fühlte ich mich am Flughafen in Hongkong seltsam: allein, einsam, angespannt, glücklich, ängstlich, verzweifelt – alles gleichzeitig. Dieser Zustand kulminierte, als ich ins Flugzeug der Royal Air Nepal stieg, und man mir sagte, dass die Zeitzonen nicht in Stunden wie im Rest der Welt, sondern in Viertelstunden vor- beziehungsweise zurückgezählt werden. Wie verwirrend, wie magisch! Oder aber wie richtig. Dennoch wird mir all das nur in der Rückschau bewusst, während ich an meinem Schreibtisch in Vermont sitze und darüber nachdenke. Wir flogen im Dunkel der Nacht nach Kathmandu. Wie ein Kind fragte ich, ob wir wohl in Sicherheit seien, denn insgeheim malte ich mir aus, wie wir versehentlich gegen einen Berg fliegen. Aber wir landeten sicher, und ich gab einem Mann vierzig Dollar, damit er meinen Koffer von der Gepäckausgabe zum Taxi trug. Alle waren über diese Summe erstaunt. Aber ich war so dankbar, noch ganz und ich selbst zu sein, was auch immer das ist. Ich hätte noch mehr bezahlt, nur um an diesem fremden Ort behaupten zu können: »Hey, ich bin ich.« Ich ging ins Bett und schlief tief ein und durch, in einem unvergesslichen Hotel namens *Norbu Linka*. Unvergesslich, weil es meine einzige Nacht in Kathmandu war.

Am nächsten Morgen holte mich Dan ab. Ich musste mich für mein Trekkingvisum fotografieren lassen. Anschließend begleitete Dan mich in einen Laden, wo ich einen eleganten Wanderstock erstand. Der Stock war aus heimischem Holz gefertigt und hatte einen geschnitzten Hundekopf am Knauf, genau dort, wo man ihn mit der Hand ergreift. In einem weiteren Laden kauften wir Schokoriegel und Süßigkeiten. Dann gingen wir zur besten Buchhandlung der Welt – wenn man sich für Expeditionen interessiert – in Pilgrims Book House. Ich kaufte ein Buch, nur um ein Buch zu kaufen, über die Erstbesteigung des Kangchendzönga. Bis dahin hatte ich nicht einmal gewusst, dass es einen Berg namens Kangchendzönga gab. In meinen Gedanken war ich immer noch bei allem, was ich in Vermont zurückgelassen hatte: bei meinem dreizehnjährigen Sohn, der nicht wollte, dass seine Mutter so weit weg ist, bei den sanften Berggipfeln, den soliden Sanitäranlagen (Küche und Klo haben nichts miteinander zu tun).

Dan war schon einige Tage vor mir in Kathmandu angekommen und hatte mir eine E-Mail geschickt, in der er schrieb, dass es sehr heiß wäre und mich ermahnte, passende Kleidung mitzubringen. Viele Tage zuvor hatte er mir eine lange Liste von allem, was für unsere Wanderung in den Bergen gebraucht würde, geschickt. Diese E-Mail war zum Fürchten. Aber Angst nützt nicht. Also nahm ich die E-Mail zur Kenntnis, um sie gleich darauf zu ignorieren. Die Betreff-Zeile lautete: »Ich werde deine BHs waschen, wenn du dich um meine Unterwäsche kümmerst«, und weiter:

> Hey Jams, ich bin auf dem Flughafen Sea-Tac – kein zurück mehr. Ich habe die Reise wieder und wieder durchgeplant und hoffe, ich habe nichts Wichtiges übersehen. Ich möchte dich nur noch an ein paar Dinge erinnern … Check, dass deine Wanderschuhe wasserdicht sind, und bringe zwei Paar mit – ich habe welche mit einem hohen und welche mit einem niedrigen Schaft mit. Die Schuhe werden irgendwann durch-

nässt sein, aber je mehr du sie imprägnierst, desto besser. Ich bearbeite sie gerne zweimal; stelle sie in die Sonne und lasse sie eintrocknen und mach das Ganze noch einmal. Ich nehme noch mehr Imprägnier-Mittel mit, aber fang schon mal gleich an.
Socken sind wichtig. Kauf dir Einlagen und Wandersocken. Die Einlagen helfen, die Feuchtigkeit abzuhalten, sowohl den Schweiß als auch die Nässe von außen, sonst hat man morgens beim Losgehen schon nasse Füße (es gibt nichts Schrecklicheres, als kalte, nasse, steife Wanderschuhe anzuziehen). Ich nehme Waschmittel mit, sodass wir gelegentlich ein wenig Wäsche waschen können. (Ich wasche deine BHs, wenn du dich um meine Unterwäsche kümmerst.)
Ich nehme nur drei Unterhosen mit und:

- zwei Paar lange Funktionsfaser-Unterhosen sowie Ober- und Unterteile aus Funktionsfaser
- drei Funktionsfaser-T-Shirts
- zwei leichte Hosen, aus der einen lässt sich eine kurze Hose machen
- eine Wanderhose
- sechs Paar Socken und sechs Einlagen
- ein gutes Paar Handschuhe und fünf Paar leichte Handschuheinlagen (die sind nützlich, da sie während der kühlen Tage angenehm zu tragen sind, ohne Handschuhe tragen zu müssen)
- einen Wollpullover
- eine Daunenweste
- Regenparka und Regenhose

- eine langärmelige weiche Fleecejacke für die Nächte im Zelt
- warme Campinghosen – bequeme Thermo-Hosen für die Nacht
- Pack am Ende ein paar Anziehsachen ein, die du nur nach dem Wandern trägst. Es tut gut, etwas Sauberes, Warmes, Trockenes anziehen zu können.
- Ich habe mir ein gut isoliertes Schlafsackkissen gekauft. Das ist wichtig, kauf dir kein aufblasbares. Es wird wärmer und bequemer sein als alles andere.
- wichtig: zwei Wasserflaschen
- zwei Sonnenbrillen, falls eine kaputtgeht oder falls du eine verlierst – sie sind absolut notwendig, da wir im Schnee bei praller Sonne unterwegs sein werden

Ich werde Ciprofloxacin für drei Behandlungszyklen dabeihaben und empfehle dir, deinen Arzt dazu zu bringen, dir auch drei Rezepte dafür zu schreiben. Ich werde auch Pepto-Bismol in Kathmandu besorgen, als eine Art Prophylaxe – angeblich funktioniert das. Wenn wir eine Lebensmittelvergiftung bekommen, dann am ehesten in Kathmandu – wenn wir unterwegs sind, wird uns nichts passieren, solange wir nur gekochtes Wasser trinken. Verflixt, ich habe vergessen, Jodtabletten zur Wasserreinigung mitzunehmen. Könntest du bitte welche kaufen? Vielleicht gibt es die auch in Kathmandu, ich bin mir aber nicht sicher. Normalerweise brauchen wir sie nicht, der Anfang und das Ende der Wanderung sind jedoch sehr hart, und da trinke ich immer sehr, sehr viel Wasser an einem Tag.

Wie ich bereits erwähnt habe, besorg dir etwas gegen die Höhenkrankheit – die Apotheker werden wissen, was am besten ist. Wir werden in hohen Höhen schlecht schlafen, aber wir werden zumindest uns haben, um während der Nacht miteinander zu sprechen. Ich habe diesen wirklich schrecklichen Sauerstoffmangel in den ersten paar Nächten über 3048 Meter wie eine Panikattacke erlebt. Die Medikamente waren da wirklich hilfreich. Ich habe viel Fußcreme und sonstige Fußpflege-Dinge dabei, darum musst du dich nicht kümmern. Ich habe deine Flugdaten immer noch nicht, und sie werden sie brauchen, um dich am Flughafen in Kathmandu zu finden. Ich hoffe, wir können zusammen nach Hause fliegen – zumindest bis Bangkok – und ein wenig ausgehen, um den Abschluss dieser Erfahrung zu feiern. Ich komme am 3. in Bangkok an und fliege am 5. weiter nach Hause.
Geld wirst du nur in Kathmandu brauchen sowie unterwegs für Mahlzeiten und Unterkunft (fünfzig Dollar am Tag werden genügen). Ich kann mich nicht erinnern, ob unser Hotel Norbu Linka Kreditkarten akzeptiert. Kathmandu ist nett, und man kann da auch gut einkaufen. Das wird lustig.
Sue und Bleddyn haben intensiv trainiert, angeblich mit Zehn-Kilometer-Bergwanderungen jeden Tag. Sue wird nicht wirklich gut in Form sein, aber ihr werdet gut miteinander auskommen. Sie ist nett und außerdem ein Teamplayer. Bleddyn ist derjenige, der Jennifer gerettet hat, als sie 1995 von der Klippe gefallen ist. Es ist gut, ihn an Bord zu haben.

Das wird wirklich lustig, Jams – das werden wir nie vergessen, davon wirst du deinen Enkelkindern erzählen … (Es gibt noch keine, oder?)
Liebe Grüße – auch an Harold und Annie. Es tut mir leid, dass Harold nicht mitkommt, aber beim nächsten Mal bestimmt –
Dan

Also ging ich brav in ein Geschäft in der Nähe, das genau diese Dinge hat. Alles für Bergsteiger, Wanderer und alle, die einfach gerne draußen sind. Ich arbeitete Dans Liste ab, aber kaufte nicht immer die von ihm empfohlenen Mengen (mehr Unterwäsche, weniger Socken, weniger Schuh- und Handschuheinlagen).

Mein Hotel war im Thamel-Bezirk Kathmandus. Das ist ein besonderer Ort, wie ein kleines Dorf ist er vom Rest der Stadt getrennt. Er ist voller Geschäfte, Restaurants und Europäern, die arm, schmutzig und abgerissen aussehen. Aber das ist eigentlich ein Luxus-Look. Diese Menschen sind Touristen, sie können jederzeit nach Hause fliegen. Ich hatte viel über europäische Touristen in Kathmandu gelesen, die kein positives Bild hinterlassen hatten; als ich diese Leute dann dort sah, fühlte ich mich in dieser Meinung bestätigt. Natürlich war ich mit Dan unterwegs, der aus Europa kommt. Aber Dan hatte einen echten Grund, in Kathmandu zu sein: Er ist Botaniker und Gartenbauer, und als solcher braucht er natürlich Pflanzen. Es gibt viele Pflanzen in Nepal, die sehr interessant sind für einen Garten; und Kathmandu ist nun einmal die Hauptstadt von Nepal.

Aber zurück zu Kathmandu: Als ich mich plötzlich mitten in Thamel befand, erinnerte ich mich an Empfindungen meiner Kindheit, daran, was ich bei »the fair«, der Kirmes erlebt hatte, an einem Ort so jenseits alles Alltäglichen, dass ich mich in einem Traum wähnte. Hier in Thamel fühlte ich mich wahrlich in einer Parallelwelt, unwirklich, magisch, außerordentlich. Die Menschen wirkten selbstvergessen, als wäre der einzige Grund des Seins, einfach jetzt und hier zu sein. Die winzigen Gassen endeten abrupt. Das magische Chaos aus Wirklichkeit und Fantasie ebenso: Die Realität aus unentrinnbarer Armut und Schäbigkeit hatte mich wieder. Direkt vor meinem Hotelfenster war ein von Betonwänden begrenzter Hof von etwa zwölf mal zwölf Metern. Dort floss aus Rohren unablässig Wasser. Die Menschen kamen, um all das zu erledigen, wofür man Wasser braucht: Sie badeten, wuschen ihre Kleidung oder füllten ihre Behälter auf. Wegen meiner eigenen, besonderen Geschichte kam mir jede Person, die ich dort sah, bekannt vor. Aus demselben Grund kamen mir alle Menschen in Thamel bekannt vor.

Am Abend des ersten Tags in Kathmandu aßen wir in einem thailändischen Restaurant. Ich weiß nicht mehr, genau was ich gegessen habe. Mir fiel auf, dass meine Gefährten, Dan und Sue und Bleddyn, besonders freundlich und zuvorkommend zu mir waren. Ich dachte, es läge daran, dass ich mich ständig nach Fledertieren umsah; ich habe große Angst vor ihnen. In Roy Lancasters Buch über seine Reisen in Nepal erwähnt er die Flughunde in Kathmandu und schreibt, dass sie aussehen wie verwitterte Pflaumen. Die Vorstellung, dass ein Fledertier wie etwas Essbares aussehen könnte, fand ich beunruhigend. Ich hatte bis dahin noch keine Flughunde in den Bäumen gesehen, und da wir beim Abendessen draußen saßen, hielt ich nach ihnen Ausschau. Ich dachte, ich würde sie in der blauschwarzen Nacht herumschwirren sehen in der Absicht, ihren Lebenszweck erfüllen zu können, nämlich sich in meinen Haaren zu verfangen. Aber ich sah keinen einzigen. Die Sorge meiner Mitreisenden galt allerdings etwas ganz anderem. Hinter mir lief ein anderes Säugetier geschäftig auf und ab: eine Ratte. Irgendwann sah ich sie und flippte aus, aber nur ein bisschen. Ich kreischte leicht, erschauerte kurz, aber instinktiv fand ich das richtige: Was kann schon eine einsame Ratte anrichten, die in einem kleinen Restaurant in einer Stadt voller Menschen herumhuscht, die in der Nähe eines kleinen Dorfes liegt, das sich in den Ausläufern des Himalaya befindet und voller Maoisten mit Gewehren ist?

Ich wachte am nächsten Morgen zum Krächzen der Himalaya-Krähe auf. Sie ist ein schöner Vogel, schwarz gefiedert wie die Krähen, die ich kenne, mit der Besonderheit eines breiten grauen Bands um den Hals. Dieses graue Band ähnelt eher einem schmückenden Gürtel als einer Halskette. Es verleiht der Krähe eine freundliche Ausstrahlung, als wäre sie der hinterhältigen List nordamerikanischer Krähen nicht fähig. Aus der Entfernung ergab der Krähenschwarm das Bild eines dünnen, zerschlissenen, ausgefaserten Tuchs.

Ich ging zum Frühstück und aß etwas mit Curry, Mango und Bananen und hatte dabei das Gefühl, einen Hauch *Spiritus loci* aufzunehmen. Der König hatte das

Parlament entlassen, und ich fragte mich, wie sich das auf unsere Reise auswirken würde. Die Entlassung des Parlaments durch den König hatte mit den maoistischen Guerillas zu tun. Und ich war auf dem Weg in ein Gebiet, wo sich die maoistischen Guerillas potenziell aufhalten konnten – und da sie den König nicht umbringen konnten, würde ich ins Visier geraten? Was hatte ich in einer Welt zu suchen, in der König und Maoisten einander bis aufs Messer bekämpften? Die Janusköpfigkeit des *Genius loci* war mir nicht entgangen. Aber bald stellte sich ein Staunen ein, ein Wundern, eine Ehrfurcht, und nichts anderes hatte mehr Raum. Von Zeit zu Zeit verlor ich den Bezug zu mir, zu dem, wofür ich mich hielt, für mein wahres Ich. Aber das versetzte mich nicht in Panik und machte mir keine Angst. Ich akzeptierte, was mir begegnete, als hätte ich damit gerechnet, dass da keine Grenze wäre zwischen mir und dem Außen, dem täglichen Leben. Mein Zelt zum Beispiel: Ich habe mein Zelt innig geliebt und wäre wahrscheinlich dafür gestorben. Allerdings bin ich froh, dass es nicht dazu gekommen ist.

Nach dem Frühstück sortierte ich meine Sachen, packte – wie meine Reisegefährten – Reiseklamotten, Schuhe und Schmuck in einen Plastikbeutel zur Aufbewahrung im Hotel. Und plötzlich wuchs bei uns allen die Aufregung vor dem, was wir vorhatten. Wir liefen die Gänge auf und ab, stürmten in die Zimmer der jeweils anderen, und fragten, wer was hatte und ob es wohl reichen würde. Ich wollte in letzter Minute noch zur Bank, aber sie war geschlossen; ich lief zu einer anderen, und auch diese war geschlossen, hatte aber einen Geldautomaten. Mir wurde gesagt, dass ich einen bestimmten Geldbetrag bräuchte, um am Ende der Reise den Trägern und Sherpas ein ordentliches Trinkgeld geben zu können. Und dann ging es los. Meine Reisegefährten, ich und unser Sherpa namens Sunam fuhren in einem kleinen Bus zum Flughafen. Vorbei am Königspalast, wo der König und seine Familie lebten, was mich eigentlich hätte interessieren sollen, aber das tat es überhaupt nicht. Entlang der Palastmauern standen riesige Bäume, Wacholder, und in ihnen hingen Flughunde kopfüber und schliefen. Ich wollte sie unbedingt sehen. Ich streckte den Kopf aus dem Fenster und sah nach oben, während der Bus an ihnen vorbeifuhr, aber ich konnte sie nicht erkennen. Sie waren dort; jeder, auch der Fahrer, konnte sie sehen, nur ich nicht. Dan sagte: »Da sind welche, da sind welche«, aber meine armen Augen, vernebelt durch eine Kombination aus Angst, Erstaunen und einer seltsamen Glückseligkeit, konnten die Flughunde nicht sehen. Als wir ins Flugzeug stiegen, übertünchte meine Angst alle anderen Gefühle. Es ähnelte einem Spielzeugflieger, mit dem meine Kinder in der Badewanne gespielt hätten, rundlich mit mattierter Außenhaut, wie ein futuristisches Objekt vergangener Jahrzehnte, und nicht scharfkantig und chromblitzend wie ein Objekt der Gegenwart, in der ich lebte.

Und so verließen wir Kathmandu und flogen nach Tumlingtar, einem Dorf in der Ebene des Flusses Arun. Es dauerte nicht lange, bis wir die pulsierende Stadt hinter uns gelassen hatten und über eine grüne Hügellandschaft flogen. Ich hätte die Hügel als Berge bezeichnet, wären hinter ihnen nicht noch höhere, mit Schnee bedeckte

Gipfel zu sehen gewesen. Diese Hügel verjüngten sich zu scharfen, spitzen Gipfeln, die dicht an dicht standen und von einladendem Immergrün bedeckt schienen. Es war mein erster Blick auf die Landschaft des Himalaya. Aus dem Flugzeug schien es mir, als stünden wir ständig kurz davor, mit diesen scharfen, grünen Zacken zu kollidieren; diese Vorstellung verfestigte sich, als ich sah, wie einer der Piloten Zeitung las. Als ich es Dan erzählte, meinte er, dass während seiner früheren Flüge in der Gegend die Piloten immer Zeitung gelesen hätten, dies aber die Flugsicherheit nicht beeinträchtigt hätte. Er wies mich auf den Fluss Arun hin, eine Wasserader, die in den nächsten Tagen noch an Bedeutung gewinnen sollte. Wir landeten um drei Uhr nachmittags in Tumlingtar. Es waren fünfunddreißig Grad, die Normaltemperatur um diese Zeit.

Das Flugzeug schien aus dem Himmel gefallen zu sein. Ich machte mir Sorgen wegen der Landung, wie ich mir Sorgen gemacht hatte wegen des Steigflugs und der Reiseflughöhe. Die Landung war eher ein Rutsch über ein Feld mit kurzem, grünem Gras. Wir stiegen aus, ich nahm Rucksack und Wanderstock, und wir machten uns auf in Richtung des Zeltplatzes. Ich konnte ihn bereits sehen, er war gleich hinter dem Flughafen. Im Flughafen waren viele Soldaten, ein Beleg für mögliche Anwesenheit der gefürchteten Maoisten. Sie trugen blaue Tarnanzüge. Warum sie blau waren und nicht grün (für Wald) oder braun (für Wüste), wurde schnell klar. In Nepal ist der Himmel ein Teil des Bewusstseins, man schaut genauso oft nach oben wie nach unten. Sooft ich auch nach unten schaute, um zu sehen, wo ich meine Füße hinsetzte, so oft sah ich auf, um den Himmel zu sehen, weil so viel von dem, was dort oben passierte, die Erde bestimmte, auf der ich stand. Der Himmel ist überall blau; von Zeit zu Zeit ändert sich das; in Nepal häufiger, als ich es gewohnt war. Es geschah oft und in einem Tempo, das mich an eine Persönlichkeitsstörung denken ließ oder zumindest an eine Stimmungsschwankung.

Warum ich hier war, was ich vorhatte, worauf ich mich mehr als ein Jahr lang vorbereitet hatte, war mir immer noch ein Rätsel. Dabei war ich schon fast mittendrin. Hier war ich, in einem Dorf in den Ausläufern des Himalaya. Ich konnte mich noch gut an das Gefühl erinnern, in einem Bergdorf in den Bergen von Vermont zu leben. Ich konnte mich erinnern, dass mich alle, die ich kannte, mit denen ich sprach, gut verstanden, wenn ich etwas sagte. Ich konnte mich an die Schule in meinem Dorf erinnern, ein schöner, sehr großer roter Ziegelbau, der gut belüftet und richtig beheizt wurde und alle möglichen Annehmlichkeiten aufwies, und dennoch wollte ich meine Kinder nicht dorthin schicken. Ich konnte mich an das Spritzenhaus erinnern – es war von meinem Haus aus nur den Hügel hinunter – und an die freundlichen Leute, die sich freiwillig ein Leben lang darum kümmerten und mich retten würden, sollte ich gerettet werden müssen. Ich konnte mich an mein Haus erinnern mit seinen tollen Rohrleitungen und an das Fließwasser, das jederzeit zur Verfügung stand, ich musste in meiner gut ausgestatteten Küche nur den Hahn aufdrehen. Ich konnte mich an meinen Arzt erinnern, einen Mann namens Henry Lodge, von dem ich oft annahm, dass es ihn nur gibt, um mich zu beruhigen, dass ich nicht kurz davor stünde, an einer eingebildeten furchtbaren Krankheit zu sterben. Ich erinnere mich noch an meinen Supermarkt, The Price Chopper, der übervoll war mit Obst und Gemüse aus Florida, Kalifornien oder Chile, sodass ich mir aussuchen konnte, ob ich Erdbeeren wollte oder nicht – sommers oder winters, wann immer mir danach war.

Eine Stunde nachdem das Flugzeug gelandet war, ging ich in unser Zeltlager, das erste von vielen Malen in den kommenden Tagen. Der Anblick der Zelte und der umherlaufenden Menschen sollte mir vertraut werden. Es wurden drei Zelte aufgebaut, eins für Sue und Bleddyn, eins für Dan und eins für mich. Aber Dan und ich wollten unsere Nächte nicht voneinander getrennt verbringen und sagten Sunam sofort, dass wir in einem Zelt schliefen und dass das andere Zelt, das für einen von uns beiden gedacht war, das Gepäckzelt werden sollte. Vielleicht war er an Leute wie uns gewöhnt, vielleicht sagte ihm seine eigene Kultur, dass das nicht schlimm war, vielleicht wusste er, dass es wichtigere Dinge auf der Welt gab, als wer mit wem in einem Zelt schläft; er sagte Okay, er sagte nur das: »Okay«.

Ich stellte meinen Rucksack im Zelt ab und merkte, dass es brüllend heiß darin war. Ich drehte um und stellte fest, dass es auch draußen brüllend heiß war. Ich trug wunderbare Wanderhosen – gekauft in einem Geschäft in Vermont voller modisch-schicker Outdoor-Sachen – sowie Wollsocken, robuste und grundsolide Wanderschuhe und ein Mikrofaser-T-Shirt. Weniger wäre besser gewesen.

Dann traf ich meine anderen Reisegefährten, die Leute, die meine Reise durch den Himalaya zu einem Vergnügen machen würden. Einer hieß Cook; sein richtiger Name war schwierig auszusprechen. Ich habe es damals nicht hinbekommen und kann es immer noch nicht. Seinen Assistenten nannten wir »Table«. Ich erinnere mich auch jetzt als »Table« an ihn, weil er immer den Tisch und die vier Stühle trug, an denen wir morgens und abends saßen und aßen. Das Mittagessen aßen wir von Tellern auf dem Schoß. Ein weiterer Mann half in der Küche. Auch seinen Namen konnte ich nicht behalten. Alle nannten ihn »I love you«, weil er am zweiten Tag mitgehört hatte, wie ich zu meinem Sohn nach einem langen Gespräch übers Satellitentelefon »Ich liebe dich« sagte. Danach sagte er augenzwinkernd »I love you« zu mir, und Sue, Bleddyn, Dan und ich lachten sehr darüber. Er war ein sehr gut aussehender Mann. Viele Tage später, als wir schon sehr hoch aufgestiegen waren und es sehr kalt war, nahm er den Seidenschal, den er meist um den Hals trug, drapierte ihn um seinen Kopf, knotete ihn unter dem Kinn und sah aus wie eine asiatische Judy Garland. Neben Sunam waren Mingma und Thile unsere anderen beiden Begleiter. Es gab noch viele andere, zwar in größerer Distanz, aber dennoch mit uns verbunden. Sie erfüllten mein Bedürfnis nach Sicherheit und Geborgenheit. Dennoch konnte ich ihre Namen nicht behalten, erinnerte mich aber an das Gesicht des Mannes, der morgens meine Tasche holte. Das ist hier kein Reflektieren über Macht und Ohnmacht, über das asymmetrische Verhältnis von Kellner und Gast oder etwas in der Art. Das ist nur eine

Reflexion meiner eigenen Angst, meiner Unruhe, meiner inneren Leere, meiner eigenen Zerbrechlichkeit. Ich habe mich in meinem ganzen Leben noch nie so unwohl, so aus meiner eigenen Haut gerissen gefühlt, und dennoch wollte ich nie abhauen, keine einzige Stunde habe ich bereut zu sein, wo ich war.

Wir wanderten nach Tumlingtar, um die Lage zu erkunden und um etwas zu kaufen, egal was. Wir dachten, Bier wäre gut. Unser Lager stand auf einer Seite eines fast zur Gänze abgeernteten Felds mit irgendeiner Bohnenart oder einem Gemüse. Auf der anderen Seite war eine andere Gruppe Trecker, echte Trecker, Leute, die zum Camp im Basislagergebiet von Makalu unterwegs waren, nicht solche wie wir, die nur unterwegs waren, um Pflanzensamen zu sammeln. Eine Gruppe kam aus Österreich, aber wir beschlossen, sie die Deutschen zu nennen. Sie sahen so professionell aus in ihrer Wanderausrüstung, die vermutlich dafür gedacht war, das Wandern leichter zu machen. Die andere Gruppe kam aus Spanien. An sie wandte ich mich, als mein Satellitentelefon nicht funktionierte. Sie konnten es auch nicht zum Laufen bringen. Eine Nacht später, als mich die Sorge um Harold übermannte, starrte ich auf das Telefon und bemerkte, dass die Antenne locker war und ich sie nur einrasten lassen musste.

Die Hauptstraße in Tumlingtar war nicht wie die Straßen, die ich gewohnt war: Sie war geteert und hatte eine gelbe Linie in der Mitte, sie wirkte wie ein breiter, ausgetretener Pfad. Die Stadt ist ein Ausgangspunkt für den Mount Everest oder den Makalu. Die Einheimischen sind den Anblick von Menschen aller Herren Länder gewohnt. Sie fanden es normal, Menschen zu sehen, die aussahen wie Bleddyn, Sue und Dan, Menschen aus Europa. Sie waren es aber nicht gewohnt, Menschen wie mich zu sehen, Menschen afrikanischer Abstammung. Aber sie hatten schon von uns gehört. Mir fiel auf, dass generell Frauen, alte Menschen sowie Kinder sehr freundlich waren. Sie redeten mit uns und lächelten freundlich. Die Männer nicht. Sie taxierten uns, aber sprachen nicht mit uns. Aber es war unübersehbar, dass sie miteinander über uns sprachen. In Tumlingtar kaufte ich mir Flip-Flops. Sie lagen in Stapeln in jedem Geschäft, an dem wir vorbeikamen. Alle waren gleich. Im Grunde boten alle Geschäfte die gleichen Dinge an. Ich war sicher, dass es Unterschiede gab, die für ihre Stammkunden offensichtlich waren, für mich aber nicht. Wir gingen bis zum allerletzten Gebäude in Tumlingtar und stellten fest, dass es ein Restaurant war mit einer Terrasse und richtigen Restauranttischen und -stühlen. Wir setzten uns und bestellten Bier. Es war nicht eiskalt, und das war auch nicht wichtig. Von dort aus konnten wir die Hügel sehen, wo Menschen lebten. Die Häuser waren umgeben von sauber terrassierten Gärten, wo hauptsächlich Essbares wuchs. Wir konnten Kühe und Hühner sehen, heimelig und vertraut. Hier trafen wir den einzigen Lehrer für alle Schüler, die in Tumlingtar zur Schule gingen, und den Gesundheitsbeauftragten für alle Menschen, die in dieser Stadt medizinische Versorgung benötigten. Der Lehrer zeigte uns seine Schule. Wir vier befanden, dass wir ihm wohl Geld oder Bücher schicken würden, sobald wir wieder zu Hause wären in unserem Leben des Überflusses. Der Gedanke von damals gilt auch jetzt, da ich diese Zeilen schreibe. Aber es ist beim Gedanken geblieben. Ich habe nichts unternommen.

Ich fragte den Gesundheitsbeauftragten, was die häufigsten Krankheiten wären, die die Menschen quälten, und er nannte »Kopfschmerzen« und »Fieber« und »Unfälle«. Ich nahm das Wort »Aids« in den Mund. Er antwortete lapidar: »Manchmal«. Es war beinahe dunkel, als wir zu unseren Zelten zurückkehrten. Es gab keine elektrischen Straßenlaternen oder Fernsehapparate oder irgendeine andere Ablenkung von der warmen und weichen Schwärze der Nacht.

Wir aßen im Dinner-Zelt zu Abend, ein großes blaues Zelt, in dem man, anders als in den kleinen Schlafzelten, aufrecht stehen konnte. Im Zelt befand sich ein kleiner Klapptisch wie die, auf denen man Karten spielt, und vier Klappstühle aus Metall. Auf dem Tisch lagen eine schöne blaue Tischdecke und Sets mit Essbesteck und Papierservietten. Das Zivilisiert-Inszenierte daran verblüffte mich. Als ich den Mann sah, dessen Aufgabe es war, den Tisch und die Stühle überall dorthin zu tragen, wo wir hingingen, war ich entsetzt darüber, dass jemand diese ganze Zivilisiertheit tragen musste, vor allem, weil es so oft viel bequemer gewesen wäre, sich auf den Boden zu setzen. Und wir konnten den Namen dieses Mannes nicht aussprechen oder uns überhaupt daran erinnern, und so kam es, dass wir ihn »Table« nannten. Er war immer unter den Letzten, die das Zeltlager verließen, weil er hinter uns aufräumte, und er war der Erste, der ankam, wohin auch immer wir gingen, um alles für uns vorzubereiten.

Wir gingen an diesem Abend gegen neun Uhr ins Bett, das war während der Reise die längste Zeit, die wir wach waren. Da war immer noch die Aufregung wegen des Neuen, wir plapperten noch viel und trödelten herum. Wir waren jedenfalls nicht müde. Dan und ich lagen noch so lange lachend und plaudernd in unserem Zelt, dass uns Sue und Bleddyn am nächsten Tag fragten, was noch so lustig gewesen wäre. Dan hatte mir von einer Reise erzählt, die er gerade mit einem anderen Botaniker nach Südafrika unternommen hatte, und von der unangenehmen Situation, jemanden zu beobachten, der verheiratet war und eine Affäre hatte und noch eine andere Affäre anfing und dann der Liebhaber mit Blumen und Pralinen unerwartet zu Besuch kam und es nicht der Ehemann war. In dieser Nacht begann ich auch *The Kanchenjunga Adventure* zu lesen, Frank Smythes Buch über den Versuch, den Kangchendzönga im Jahr 1930 zu erklimmen, das Buch, das ich im Pilgrims Book House in Kathmandu gekauft hatte. Bis zu dem Zeitpunkt konnte ich mich nicht erinnern, jemals den Namen Kangchendzönga gehört zu haben. Aber ich fühlte mich hingezogen, als wäre ich verhext – zuerst das Buch und dann der Berg, und auf dem ganzen Weg gab es nichts, was ich mehr sehen wollte. In den etwa zwanzig Tagen, die ich zwischen den Hügeln des Himalaya verbracht habe, schleppte ich dieses Buch mit mir herum; und viele Tage nach der Rückkehr war mir dieses Buch ein Trost.

Zu Khandbari: Dan und Bleddyn schauten sich immer wieder die Karte an. Sollten wir über Jaljale Himal und Milke Danda gehen, mehr oder weniger den Weg, den sie bereits 1996 gegangen waren, oder sollten wir einen anderen Weg gehen, bei dem wir nur die ersten drei Tage der Route folgen würden, die mit derjenigen der letzten drei Tage von 1996 übereinstimmte? Sie überlegten hin und her und beschlossen dann, dass die ersten drei Tage dieser Reise der Route der letzten drei Tage von damals folgen sollten. Diese Entscheidung war für die zwei Garten-Aficionados von großer Bedeutung und eine heikle Angelegenheit. Denn jeder Quadratmeter Gelände muss sorgfältig studiert werden, damit keine einzige Pflanze übersehen wird, die für einen Garten infrage kommt. Denn der arme Sammler kann ja nicht wissen, ob er jemals wieder genau an diese Stelle kommen wird. Ein echter Gartenarchitekt ist ein Gärtner, und als Gärtner hat er viele Eigenschaften, aber ein Gärtner ist insbesondere eine Person, die mindestens einmal im Gartenjahr den Drang verspürt, sich mindestens eine Pflanze anzueignen. Dies bezieht sich nicht auf den bloßen Kauf von etwas oder darauf, einer Elite anzugehören, die etwas ganz Seltenes besitzt. Die Aneignung, die ich meine, besteht mitunter darin, an der Kante zu einem Abgrund eine Blüte zu sehen, ihre Samen abzunehmen und erst dann, wenn alles sauber weggepackt ist, zu erkennen, dass man ein paar Sekunden lang in echter Lebensgefahr war. Der Betreffende würde ein solch verhängnisvollen Vorgang vermutlich nur trocken kommentieren: »Ich habe dort oben ein paar *Codonopsis* gesehen; ich konnte nicht sagen, welche Art, aber ich habe auf jeden Fall Samen mitgenommen.« Einen solchen Satz bekommt man nicht alle Tage zu hören, und wenn, dann nur von seltenen Exemplaren der Spezies Mensch. Wer so redet, befindet sich in einem komplizierten Zustand des Verlangens. Zwar weiß man, dass man *Codonopsis* nicht *er*funden hat, aber man hat sie in ihrem natürlichen Habitat *ge*funden und das in einer Gegend, wo die meisten Menschen, die *Codonopsis* als Zierpflanze anbauen, nicht leben wollen würden. Also fühlt man sich gottgleich, als hätte man diese Pflanze erfunden. Dan und Bleddyn sind Gartenarchitekten. Sue natürlich auch, aber auf andere Art. Sue begnügte sich auf unserer Wanderung damit, Bleddyn und Dan auf Samen-tragende Pflanzen hinzuweisen.

Man beschloss, dem Lauf des Arun zu folgen, anschließend einen ganzen Tag das Ufer des Flusses Barun – beginnend bei dessen Mündung in den Arun – entlangzuwandern, dann zurückzukommen und den Weg zum sagenumwobenen Dorf Thudam einzuschlagen.

Dieser erste Morgen seit wir Kathmandu verlassen hatten, würde sich jeden Morgen gleich abspielen: Wir wurden um halb fünf von »Table« geweckt, er brachte uns eine Tasse heißen Tees und eine Schale mit warmem Wasser, um uns zu waschen. Ich bleibe sehr gern im Bett liegen und mag es überhaupt nicht, mich morgens beeilen zu müssen. Also trödelte ich herum – am ersten und an allen folgenden Morgen. Dan war immer der Erste, der unser Zelt verließ, er packte sofort seinen Schlafsack und seine Matratze zusammen und bereitete seinen Tagesrucksack vor. Dann war seine Morgengymnastik an der Reihe – Sit-ups und Liegestütze, bis zu fünfhundert Wiederholungen. Als ich an diesem ersten Morgen sah, wie er sich streckte und drehte, sah es so gut aus, dass ich am nächsten Tag mitmachen wollte. Während der darauffolgenden Tage verflachte meine Begeisterung, um letztlich zu verfliegen und dann zu verschwinden. Und zwar in dieser Reihenfolge und bei hohem Tempo.

Um sechs Uhr morgens war es schon heiß. Es gab ein wunderbares Frühstück bestehend aus Omelette, Haferbrei, heißer Milch und Pfannkuchen. Der Morgen war schön, der Himmel war blau, nicht das kühle Blau des Himmels, das ich gewohnt war, sondern eine ganz besondere Nuance von Blau; und obwohl der Himmel schier endlos schien, hatte er etwas Schweres an sich, als wäre er ein Plafond und kein Himmel. Und diese Konfusion aus Himmel und Plafond steigerte sich noch; denn ein Himmel ist einerseits ein Teil der Erde. Man ist ihm ausgesetzt, muss alles ertragen, was von ihm fällt, sei es Regen, Schnee oder andere unbarmherzige Elemente. Ein Plafond hingegen ist eine schützende Struktur.

Um genau halb acht Uhr verließen wir das Lager. Wir gingen durch die Stadt Tumlingtar auf denselben Wegen wie am Nachmittag zuvor, als wir den Lehrer und den Gesundheitsbeauftragten getroffen hatten, aber nun sah ich keinen von beiden. Ich sah niemanden vom Vorabend wieder und verließ den Ort mit einem Gefühl von theoretischer Traurigkeit, denn es war traurig, dass ich nie wieder irgendeinen dieser Leute oder diesen Ort wiedersehen würde – und ein endgültiger Abschied ist immer ein Moment der Traurigkeit. Und so verließ ich das Dorf. Nun ging es zum ersten Mal richtig bergauf. Es war nicht sehr steil, aber da ich nicht täglich einen Berg bestieg, sondern normalerweise jeden Tag einen Hügel hochfuhr, war es eine Herausforderung für mich. Außerdem hatte ich Warnungen verschiedener Leute im Ohr, die mich vor der Höhe, der körperlichen Anstrengung und der Himalaya-Hitze gewarnt hatten. Ich nahm das erste Steilstück, war zufrieden mit dem Ergebnis und damit, dass es vorbei war. Aber dann kam ein weiteres und dann noch eines. Endlich kam ein flaches Stück, aber dann wurde es wieder steil, und die Temperatur stieg und stieg. Unser Weg war eine schmale Straße aus rotem Lehm. Wir nahmen die Steigung in gemächlichem Tempo, die Temperatur stieg in Sphären, die ich bis dato nicht kannte. Wir gingen hoch und höher, jedes Plateau war der Beginn einer neuen, mittelgradigen Steigung. Nach ein paar Stunden hatten wir einige Höhenmeter zurückgelegt. Ein Blick zurück auf unseren Ausgangspunkt bewies es. Aber ich bin ungeduldig, gehe normalerweise schnell, um schnell anzukommen. Hier musste ich mich zusammenreißen und in Geduld üben. Und es gab nichts zu sammeln, auf jeden Fall nichts, was dort wachsen würde, wo ich zu Hause war. Ich erkannte Wunderbäume, Ringelblumen, Stechäpfel, Kosmeen und Sonnenblumen, die in von Menschenhand angelegten Gärten wuchsen, und auch Maisäcker. Unter uns floss der breite Arun, der sich hinunter zum Ganges schlängelte. Uns begegneten Leute, die Inder zu sein schienen, andere schienen Nepalesen zu sein, und wiederum andere schienen beide Ethnien in sich zu tragen.

Ich kann nicht mehr genau sagen, wann mich in den ersten Stunden dieses Morgens mein Gefühl für Entfernungen im Stich ließ. Ich ging durch Tumlingtar. Der Weg aus der Stadt wurde steil. Er führte zu einer Reihe

Nepalesen sammeln Rhododendron, *ihre primäre Energiequelle.*

von Häusern, die von angelegten Beeten umgeben waren. Diese schienen auf ebenem Boden zu liegen, aber eben war es immer nur kurz. Der Weg wurde wieder steil. Es ging hoch und höher. Die Intensität überraschte mich. Ich hatte wohl damit gerechnet, dass die Landschaft hier ungefähr so sein würde, wie die, die ich kannte: eine sanfte Steigung nach der anderen. Aber dem war nicht so. Ich ging hinauf auf einen Grat und dachte, wenn ich das schaffe, würde ich die Ursache meines Antriebs, der mich überhaupt so weit gebracht hat, erkennen. Aber dazu kam es nie. Der Himalaya zerstört jegliches Empfinden für Raum und Zeit. Dann kam mir noch in den Sinn, dass die Pflanzenjagd womöglich etliche Vorstellungen von sich selbst und davon, wie die Dinge zu sein hätten, vernichtet. Aber das hatte ich eigentlich schon immer gewusst.

Die Straße war manchmal nur so breit wie eine unbefestigte Dorfstraße in Vermont, manchmal gerade ein Viertel so groß. Sie war aus rotem Lehm. Der höchste Punkt eines jeden Aufstiegs war der Beginn eines weiteren Steilstücks. Bereits am Vormittag waren meine Sinne völlig verwirrt. Es dauerte viele Tage, bis ich zur Kenntnis nahm und wahrhaft akzeptierte, dass ich nach oben ging; ich brauchte viele Tage, um zu begreifen, wie weit oben dieses *Oben* war, dass es kein wirkliches Aufwärts gab. Aufwärts war schlicht die Notwendigkeit, dorthin zu gelangen. Ich hatte das Gefühl, kurz vor einem Nervenzusammenbruch zu stehen. Zum Glück gab es niemanden unter meinen Begleitern, weder die Botaniker noch die Sherpas, der sich als Zielscheibe meiner Befindlichkeit eignete.

Dan hatte von der nepalesischen Angewohnheit berichtet, zwei Ficusbäume zusammen zu pflanzen, einen *Ficus benghalensis* und einen *Ficus religiosa*, damit sie dem Reisenden Schatten spendeten. Und auch wir waren ihre Nutznießer. Wir passierten drei solcher Anpflanzungen und hielten an, um Wasser zu trinken. Bei der vierten hielten wir an, um Mittag zu essen.

Als wir so dahinwanderten, wurden wir von einem Grüppchen Kinder mit wechselnder Besetzung begleitet. Einige verließen die Gruppe, andere stießen hinzu. Als wir uns zum Mittagessen niederließen, scharten sie sich um uns und starrten uns schweigend an. Sie schauten uns zu, wie wir aßen. Es war eine befremdliche Situation, schien aber auch gerechtfertigt zu sein. Denn schließlich waren wir in ihrem Land und schauten uns ihre Landschaft an.

An diesem Tag machten wir zum ersten Mal eine Mittagspause. Als Erstes gab es eine Tasse heißer Orangeade, ein Getränk, das uns zunächst extravagant und unnötig erschien. Aber es war so heiß und süß, dass wir doch noch auf den Geschmack kommen sollten und uns darauf freuten. Die Uhr an meiner linken Hand zeigte alles Mögliche an: etwa die Himmelsrichtung und die Temperatur. Es hatte 35,6 Grad. Und wir wanderten die ganze Zeit in der prallen Sonne. Sue hatte ihren Regenschirm geöffnet und beschattete sich auf diese Art. In Kathmandu hatte sie mir noch geraten, ich möge einen Regenschirm mitbringen; ich hatte gedacht, wozu. Jetzt wusste ich wozu, und mir blieb nur der Neid.

Wir gingen an diesem Nachmittag weiter, das Landschaftsbild zeigte sich unverändert. Wir trafen auf eine

Familie, die in einem kleinen Haus lebte, im Schatten eines riesigen Zitrusbaumes, einem Baum mit Früchten größer als Grapefruits. Gegen halb zwei kamen wir in Khandbari an, eine Stadt, in der es Telefonverbindungen in die Welt gab, aus der ich kam. Ich rief meinen Harold an, sprach aber nicht mit ihm, sondern mit jemandem, der ihm ausrichten konnte, dass ich angerufen hatte, und nachdem ich zunächst froh war, machte es mich später traurig, dass ich ihm nicht selbst sagen konnte, dass ich ihn lieb habe.

Damals war es noch nicht einmal eine Woche her, dass ich von zu Hause weg war, aber ich begann mich zu fragen, wie sich meine Kinder an mich erinnerten. Ich war nicht tot, aber könnte ich es nicht auch sein? Dennoch, ein »könnte auch sein« ist anders als die Gewissheit.

Wir gingen durch Khandbari und hätten beinahe Ärger bekommen, weil Dan seinen Pass in Kathmandu zurückgelassen und Khandbari einen Checkpoint hatte. Ich sah Sunam, unseren führenden Sherpa, mit einem Mann in Militäruniform sprechen, mit einer Intensität und Schnelligkeit, die ich nur aus Filmen kannte. Ich hatte immer angenommen, so etwas gäbe es nur im Theater. Aber: Wir durften weiter. Wir erreichten unseren Lagerplatz in einem Dorf namens Mani Bhanjyang. Die besten Stellen waren schon von zwei Trekking-Gruppen besetzt, die auf derselben Route waren. Sie waren zum Makalu-Basislager unterwegs, und wir sollten die nächsten zwei Tage denselben Weg nehmen. Sunam fand einen Platz für uns. Er befand sich in der Mitte eines Feldes, der einzige andere ebene Fleck Erde in der Nähe. Wir waren auf einer Höhe von 3437 Metern. Sogar der Himmel schien mir dunkler und gekrümmter als jemals zuvor. In dieser Nacht rief ich Harold über mein Satellitentelefon an und sprach direkt mit ihm.

Am nächsten Morgen begegnete ich Nepal. Wir verließen unseren Zeltplatz um halb sieben Uhr und bewegten uns auf etwas zu, das mir unbekannt war. Es hatte um diese Zeit schon sechsunddreißig Grad, laut der Temperaturanzeige meiner Armbanduhr. Unser Aufstieg sollte noch Stunden dauern. Ich hielt immer noch an der Vorstellung fest, dass wir uns von einem Ziel zum nächsten bewegen würden. Aber das war nie so. Wir wanderten, und überall dort, wo wir entlanggingen, war etwas Wichtiges. Jeder Ort, durch den wir gingen, war wichtig – ganz sicher war er das aus botanischer Sicht. Nur: Diese Gärtnerin, nämlich ich, ist aus Vermont.

Auf jeden Fall gingen wir. Es war sehr warm. Meine Wahrnehmung hatte ich nicht scharf gestellt. Denn das Klima hier war nicht das Klima, in dem ich einen Garten anlegte. Die Pflanzen, die in diesem Klima gediehen, waren für mich einjährige Pflanzen. Als Gärtnerin erkenne ich so etwas sofort. Diese Pflanzen würden nur Ornamente hergeben, gezogen aus den größeren echten Stauden.

Aber wir liefen und liefen. Ich an Sues Seite. Dan und Bleddyn waren wie immer voraus. Mit einem Mal sah ich überall diese rosa Blumen – zu meinen Füßen, als ich runterschaute, und etwas über Augenhöhe, als ich aufschaute, und dann neben mir, als ich den Blick zur Seite schweifen ließ. Ich kannte ihre Form und Textur, nur kannte ich sie in einer anderen Farbe, nämlich in Violett. Ich hatte diese Blumen in einer Gärtnerei in Vermont gesehen und in einem Garten in Maine, aber nur in tiefem Violett. Sie jetzt in Rosa zu sehen, und mich an sie in Lila erinnernd, fand ich äußerst befremdlich. »Was ist das?«, fragte ich Sue. »Eine *Osbeckia*«, war die sachlich-karge Antwort, und ich war getröstet.

Die Pflanze, die ich in der Gärtnerei in Vermont gesehen hatte und auch im Garten meines Freundes in Maine, hatte eine dunkle Blattfarbe und einen groben Hauptstamm mit dunkellila Blüten. Ich wollte sie immer schon in meinem Garten pflanzen. Aber sie schien keine wirkliche einjährige Pflanze zu sein. Für das Klima daheim blühten sie zu spät, und ihr Stiel war zu holzig. Die Grundanforderung an einjährige Pflanzen in meinem Garten (und in der ganzen Zeit, da ich in Nepal herumlief, dachte ich an meinen Garten) war ein zartes Äußeres, das immer Blüten trägt.

Als ich weitermarschierte und nicht wirklich wusste wohin, dachte ich über diese Pflanze nach, die ich im Vorbeigehen erkannt, einst in einer Gärtnerei und in einem Garten gesehen hatte, und wollte mich von der Linearität der Ereignisse überzeugen. Igendwann später erfuhr ich, dass die violette Art der *Osbeckia* aus Sri Lanka stammt, die rosa Variante hingegen dort zu Hause ist, wo ich ihr begegnete.

An diesem Tag gingen wir dreizehn Kilometer bergauf. In der Mitte eines Dorfes pausierten wir zum Mittagessen. Ich wollte eine Cola und bekam eine. Das war das letzte Mal. Es gab dort aber auch ein erstes Mal. Ein Mädchen, ungefähr in dem Alter meiner siebzehnjährigen Tochter, kämmte die Haare einer anderen mit großer

Hingabe; sie durchkämmte das dicke Haar vom Ansatz bis zu den Spitzen, weil es voller Läuse war. Sie tat es mit liebevollem Ingrimm, als hinge ihr Schicksal davon ab. Sie benutzte einen feinzahnigen Kamm, ging sorgfältig immer wieder durch die Haare, teilte sie in dicke und dann in immer dünnere Strähnen. Diese Intimität zwischen der Entlauserin und dem Haaransatz war ein Bild allumfassender Zuneigung. Wie sie die Läuse vom Kopf der anderen entfernte, schien mir ein wahrer Akt der Liebe. Eine solche Szene sollte sich mehrmals im Lauf unserer Reise wiederholen.

Das Gemüse im Mittagessen an jenem Tag kannte ich unter dem Namen »Christophine«. Sunam kannte es unter einem nepalesischen Namen. Es ist eine weiche, fleischige, wässrige Frucht, deren Herkunft ich nicht kenne, aber weiß, dass sie in tropischen Gegenden auf die Teller kommt. Auf Antigua, meiner karibischen Heimat wird sie nicht angebaut, aber auf der Insel Dominica, der Heimat meiner Mutter, sehr wohl. Dieses Gemüse war eins der Grundnahrungsmittel zu ihrer Zeit. Ich erinnere mich, dass sie einige Mühen auf sich nahm, um es zu bekommen und mir servieren zu können. Ich habe es natürlich überhaupt nicht gemocht. Aber man stelle sich meine Überraschung vor, als ich es in einem kleinen nepalesischen Dorf zum Mittagessen vorgesetzt bekam. Es war das Beste, das ich je gegessen habe.

Von der Stelle, wo wir zu Mittag gegessen hatten – das Zentrum eines kleinen Dorfes voller Menschen –, konnte ich den Weg sehen, der vor mir lag: eine Landschaft aus roten Felsbrocken, deren Anordnung einerseits wirkte wie von Menschenhand gemacht, anderseits wie die Überreste einer Naturkatastrophe. Ich hatte stets meinen Garten im Hinterkopf und fragte mich immer wieder: Wie würde das im Garten aussehen? Es war nicht das letzte Mal, dass mir auffiel, dass Gärtnern an sich das Streben ist, alles Wilde und Fremde zu domestizieren, es gemütlich und letztlich vertraut zu machen. Über uns thronten einige große braune Felsen, und sie schienen solide verankert. Wie komme ich da nur hinauf, dachte ich. Wenn ich es dorthin schaffte, wäre die Welt in Ordnung, dachte ich weiter. Zu meiner großen Überraschung schaffte ich es und fand eine Stelle zum Pinkeln. Es ging noch ein Stück weiter aufwärts in einen blühenden Ingwerwald *(Hedychium)*, mit Helmkraut, *Osbeckia*, *Euphorbia* und *Arisaema* – alle in Blüte. Die Botaniker, Dan und Bleddyn, waren am Boden zerstört. Sie schmollten herum und beklagten sich, dass man jetzt schon zwei Tage unterwegs gewesen wäre, ohne einen einzigen Samen eingeheimst zu haben. »Wir sind doch erst seit zwei Tagen unterwegs«, wollte Sue Bleddyn trösten. Ich tröstete Dan mit dem Hinweis, dass wir doch noch in den Tropen waren. Aber das wussten sie. Der Tag war heiß. Sue hielt sich den Regenschirm über den Kopf und verschaffte sich so ein wenig Schutz vor all dieser Hitze. Ich wünschte mir wieder, ich hätte auch einen.

Der Ingwerwald war eigentlich ein Stück landwirtschaftlicher Nutzfläche. Die Leute bauten Gewürze für den Eigenbedarf an. Als mir das klar wurde, war mir ihre Vor- und Umsicht nachvollziehbar. Während ich durch diesen Ingwerwald ging, sah ich folgende Pflanzenarten:

Dicentra scandens, Agapetes serpens, einen epiphytischen *Rhododendron, Begonia, Strobilanthes* (blau und weiß) und gelbes Springkraut, von dem Bleddyn meinte, es habe in einem Garten nichts zu suchen. Im Weiteren: *Philodendron, Monstera deliciosa, Hydrangea aspera* (subsp. *Robusta,* erklärte Bleddyn), *Tricyrtis maculata, Arisaema tortuosum, Amorphophallus bulbifer, Osbeckia.* Außer *Dicentra scandens* (die gelbblütige Kletternde Herzblume) und *Begonia* – aber nicht in dieser Variante – war mir keine der Pflanzen vertraut.

Um halb vier nachmittags erreichten wir das Dorf Chichila. Wir waren am Morgen in Mani Bhanjyang von einer Höhe von etwa 1200 Metern losgegangen und 300 Meter bis Chichila hochgestiegen. Es war immer noch heiß, aber es kamen Wolken aus Richtung des Makalu. Ohne die Wolken hätte ich den großen Makalu gesehen, so hieß es jedenfalls. Vom Berg Makalu hatte ich bis dahin noch nie gehört. Aber als wir uns Chichila näherten, grüßten alle Passanten mit »*Namaste*«, gefolgt von »*Makalu*«. Aber wir hatten einen anderen Weg und ein anderes Ziel. Wir suchten Pflanzen und wollten ihre Samen. Als ich im Dorf herumlief, sah ich kleine Gärten, in denen Kürbis, Mais, Ringelblumen und Dahlien gediehen. Wir saßen auf einer öffentlichen Bank in der heißen Sonne und tranken dort gekauftes Bier. Dieses Bier konnte nur auf jemandes Rücken von Khandbari bis hierher gelangt sein. Bis dahin war mir noch kein Tragtier aufgefallen. Gerade, als wir anfingen, die Pause in der Sonne bei einem Bier zu genießen, wurde es mit einem Mal ohne jegliche Vorwarnung kalt, windig, und es begann zu regnen.

Plötzlich schienen wir in einem anderen Tag, in einer anderen Jahreszeit gefangen.

Wir gingen in den Laden, in dem wir das Bier gekauft hatten, und setzten uns neben ein Feuer, das die ganze Zeit schon zu brennen schien, als hätten die Menschen dort gewusst, dass, ganz gleich wie heiß es draußen wurde, ein Feuer im Inneren immer von Nutzen ist.

Während ich mit meinem Bier drinnen am Feuer saß, passierte zweierlei: Eine schöne Frau mit seidigem, langem schwarzem Haar sah meine Zöpfe und fand sie so interessant, dass sie sich zu mir setzte, um sie zu berühren. Sie drehte sie hin und her, und fragte gestikulierend, ob ich ihr Haar wie meines flechten könnte. Ich wusste nicht, wie ich ihr sagen sollte, dass meine Frisur, die sie so sehr mochte, nur dadurch möglich war, dass in mein Haar das Echthaar einer Frau eingewebt wurde, die aus einem Teil der Welt nicht weit von hier stammte. Als dann der Regen kam, ging Dan los, um nachzusehen, ob alle unsere Sachen in Sicherheit waren. Als er zurückkam, sah ich einen großen, erhabenen, kastanienbraunen Fleck auf seiner Wade. Ich hielt ihn zunächst für einen merkwürdigen Bluterguss. Aber es war ein Blutegel, der es sich auf Dans Bein eingerichtet hatte. Allen, sowohl Nepalesen als auch den Gästen, lief angesichts dessen ein mehr oder weniger intensiver Schauer über den Rücken.

Es regnete während des gesamten Abendessens. Unser Essenszelt war undicht. Wir saßen mit Messern, Gabeln, Löffeln und Papierservietten am Tisch und rutschten immer wieder hin und her, um dem Wasser, das durch das Zelt sickerte, zu entrinnen. Wir aßen bei Kerzenlicht.

Von draußen drangen plötzlich Scharrgeräusche; es waren unsere Sherpas, die Gräben aushoben, die das Wasser von unseren Schlafzelten wegleiten sollten. Das war so nett, so rücksichtsvoll. Ich hatte die Option, im Himalaya in meinem Schlafsack zu ertrinken, nie zuvor in Erwägung gezogen.

Am nächsten Morgen (es war der 8. Oktober, ein Dienstag, ein Datum ohne weitere Bedeutung, sondern einfach nur ein weiterer Tag), wurden wir mit einer Tasse Tee geweckt. Nach dem Waschen, Frühstücken und Packen ging es um halb acht los. Es hatte beim Aufbruch fast zweiunddreißig Grad. Der Himmel über uns war von einem magischen, unschuldigen Blau und gläserner Klarheit. In der Ferne sah man eine dicke, milchig-weiße Masse. Es waren die Wolken, die immer noch den Blick auf den Makalu versperrten. Nach etwa eineinhalb Kilometern kam eine Abzweigung. Sollte ich nicht zurückkehren, hätte ich meine Chance verpasst, eins der Welt-Naturwunder zu sehen, von dessen Existenz ich bis dato nicht einmal gewusst hatte. Ein vollkommen neues Gefühl tauchte auf, von dessen Existenz ich ebenfalls nichts gewusst hatte. Es war eine Art Angst, aber eigentlich fürchtete ich mich nicht; es war eine Art Entfremdung, aber ich fühlte mich nicht fremd im Hier und Jetzt mit meinen Freunden Dan, Sue und Bleddyn. Ich war seit nicht einmal einer Woche von zu Hause weg. Ich hatte zwei Kinder, ich konnte ihre Gesichter vor meinem inneren Auge sehen, ich war zu dieser Reise nur wegen meiner Gartenliebe aufgebrochen. Dan mühte sich sehr ein Bündel Viehfutter zu fotografieren, das ein Mann auf seinem Rücken trug.

Das Bündel stellte sich als *Viburnum cylindricum* heraus, eine Pflanze, die er in seinem Garten in Kingston, Washington hegte. Es war eine schöne *Viburnum*-Pflanze mit lanzenförmigen, stark geäderten Blättern und luftig zusammenstehenden, weißen Blüten. Sie wäre zu zart für das Klima in Vermont, aber für eine Klimazone im Westen der USA war sie genau richtig. Dan folgte dem Mann eine Zeit lang, klickte wild mit seiner Kamera und wurde einer Tatsache gewärtig: Was für ihn ein botanischer Schatz ist, ist in dessen Ursprungsland Viehfutter.

Unsere Träger hatten sich am Tag zuvor mit dem Gepäck verspätet. So konnten wir uns nicht gleich umziehen, als wir an unserem Zeltplatz in Chichila ankamen. Das sorgte für Unmut und für die erste einer ganzen Reihe von Beschwerden. Am nächsten Morgen schlug Dan vor, Kleider zum Wechseln in unsere Tagesrucksäcke zu packen, um nicht auf die Träger angewiesen zu sein, wenn wir im Lager ankamen und trockene Kleidung haben wollten. Die Erfahrung seiner letzten Nepal-Reise zeigte, dass die Träger ihren eigenen Rhythmus hatten: Alles fing gut an, aber irgendwann gab es ein Problem. Die Gepäckträger mussten entlassen und im nächsten Dorf neue angeheuert werden. Als wir nun weiter nach Num liefen, der Stadt, wo wir die Nacht verbringen würden, keimten Zweifel auf: Unsere Träger schienen nicht so diszipliniert zu sein wie die der anderen Gruppen. Sie waren weit hinter uns zurückgeblieben und verschwanden manchmal ganz. Wir waren in freier Natur. Der Himmel konnte blauer nicht sein. Die Sonne war so heiß, wie ich sie noch nie erlebt hatte; sie schien meine Haut und meinen Körper zu durchdringen und auf der anderen Seite wieder herauszukommen. Wir marschierten weiter, manchmal gingen wir an den Trägern vorbei, aber dann wiederum eilten sie an uns vorbei und trugen unsere Taschen, unsere Zelte, unsere Stühle und Tische, unser Essen, unser Hab und Gut in einer unglaublichen Geschwindigkeit. Als wir an den Trägern vorbeizogen, wurde uns unwohl zumute; als sie uns überholten und nach vorn eilten, dachten wir an das Ende des Tages und an unsere schönen Zelte und Schlafsäcke, die auf uns warten würden. Wir kamen zu einem kleinen Dorf, das die lokale Variante eines Lastwagenparkplatzes zu sein schien. Es gab dort einen Laden, in dessen Inneren es dunkel war. Männer gingen aus und ein. Es gab viel Geschrei und betrunkenes Poltern. Ich wollte wissen, was da los war. Sunam ließ uns kaum Zeit, um etwas zu sehen oder etwas zu kaufen. Aber über die Träger hatte er nicht so viel Kontrolle.

Wir stiegen anschließend in einen Wald hinab, der Boden war mit kastanienähnlichen Früchten bedeckt. Dan und Bleddyn konnten sich nicht einigen, um was es sich handelte. Mir war klar, dass es ihnen auch ziemlich egal war. Ein Kletterfarn tauchte auf, und dann: mein erster Ahorn *(Acer campbellii)*. Er war nicht wie die Ahorne, die ich kannte. Dicker Stamm, groß und mit präzise geformten Blättern wie nach einer Konstruktionszeichnung. Er war schlank und bescheiden. Seine Blätter waren nur nahe der Spitze eingekerbt, was kaum auffiel. Im Wald fiel die Temperatur auf 25,5 Grad, und die Kühle war uns sehr willkommen. Überall um uns herum konnten wir das Gurgeln von Wasser hören, das von irgendwoher kam. Der Boden, auf dem wir gingen, war von der Feuchtigkeit weich. Dan suchte einen anderen Ahorn, nicht den *campbellii*, aber er konnte keinen finden. Er erinnerte sich daran, dass er ihn beim letzten Mal dort gefunden hatte, wo wir nun standen, aber es gab weder den Baum noch Samen. Er und Bleddyn fanden jedoch *Paris* und *Roscoea, Tricyrtis, Thalictrum* und *Lithocarpus* und etwas, von dem sie sagten, es sei buchenähnlich, aber ich hatte keine Ahnung, was gemeint war. Gleich außerhalb von Chichila hatten sie einige Himalaya-Moschus-Rosen *(Rosa brunonii)* mit Früchten gefunden, obwohl sie davon nicht so begeistert waren. Wir kamen aus dem Wald heraus und wieder in die pralle Sonne. Und mir begann die Kraft auszugehen. Um ein Uhr stoppten wir im Dorf Muri für die Mittagspause. Wir bekamen außerhalb des Schulgebäudes ein Mittagessen, das in der Schule für uns zubereitet worden war. Wir waren seit fünfeinhalb Stunden unterwegs. Es waren zweiunddreißig Grad. Wir hatten während der letzten Stunden mehrmals nach einem Rastplatz Ausschau gehalten. Aber wir konnten keinen finden, der flach und groß genug war, um zu kochen, Wasser zur Verfügung zu haben und uns setzen und essen zu können. Wir aßen unser Mittagessen, frisches Gemüse und Konservenfisch, und einige Menschen – Bewohner von Muri oder nicht, wir konnten es nicht wissen – sahen uns dabei zu. Die Haare einiger Kinder hatten ihre natürliche Pigmentierung verloren; das ursprüngliche Schwarz war zu Blond geworden, ein Zeichen für permanenten Nährstoffmangel.

Von unserem Rastplatz aus konnten wir Num in der Ferne sehen. Es war überhaupt nicht weit weg. Ein paar

Stunden und das meistens bergab. Wir fingen vorsichtig an, wurden aber schnell forscher. Wir gingen auf Wegen, manchmal an Stellen entlang, die man nur im Gänsemarsch bewältigen konnte.

Auf dem Weg nach Num kamen wir an einem sehr schönen Anwesen vorbei, das meinem Begriff davon entsprach. Es bestand aus einem Wohnhaus, einer Scheune und einigen Nebengebäuden. Aber das Gesamtbild erzählte keine Geschichte von Wohlstand, sondern von Mühsal, und harter Arbeit für das tägliche Brot. Ich machte eine Pause, ließ meinen Blick auf dem – vermutlichen – Kuhstall ruhen, und genoss das vertraute Genre-Bild.

Etwas später – Dan und Bleddyn vor mir, Sue hinter mir – vernahm ich Sues unterdrückten Schreckensausruf. Da sie hinter mir ging, konnte sie meinen Rücken sehen. Mein Rücken war mit Blut bedeckt, mein hübsches, blaues Hightech-Shirt war von meiner eigenen roten Körperflüssigkeit getränkt. Sue suchte meine Kleidung und meinen Körper sorgfältig ab, sie konnten den Blutegel aber nicht finden. Mir kam meine Jugendzeit in New York in den Sinn. Damals lebte ich in steter Angst, ein Drogensüchtiger könnte in meine Wohnung einbrechen, meine Sachen stehlen, um sich anschließend die ersehnten Drogen zu kaufen.

Meine Angst vor Blutegeln stand in keinem Verhältnis zu der Gefahr, die sie tatsächlich darstellten. Jeder Schritt hier war im Grunde gefährlicher als ein Blutegel, der an meinen Rücken andockt. Dan machte ein Foto von meinem blutverschmierten Rücken, und später, als ich das T-Shirt auszog, war ich schockiert über die große Blutmenge, die ausgetreten war.

Wir kamen in Num an, campten im Zentrum der Stadt und sahen uns nach Bier um. Zunächst erfolglos, aber dann wurden wir fündig. Der Mangel an leicht verfügbarem Alkohol war ein Hinweis für die Anwesenheit von Maoisten, aber das wussten wir damals nicht. Das Bier war warm. In Num gab es kein Eis, in Num gab es keinen Strom, aber trotzdem war das Bier köstlich. Wir fanden eine Schneiderin. Das war gut so, denn in den drei Tagen, seit wir Kathmandu verlassen hatten, waren wir geschrumpft. Ohne die Näherin wäre unsere Kleidung auch weiterhin okay gewesen. Aber damals wussten wir auch, dass dies unsere letzte Station im »normalen Leben« sein würde. In jenem Leben, in dem man Dienstleistungen bekommt und bezahlt, wie etwa die Dienste einer Schneiderin. Wir haben die Näherin beauftragt, sich unserer Unterwäsche anzunehmen, Knöpfe anzunähen, Hosen enger zu machen, das eine oder andere zu flicken. Sie machte ihre Sache gut, und wir waren sehr zufrieden.

In dieser Nacht gab es ein Gewitter wie keines, das ich jemals zuvor gehört oder erlebt habe. Dan und ich waren in unserem Zelt, fest in unsere Schlafsäcke gekuschelt. Es begann zu regnen. Ein Regen wie aus Wasserraketen, die auf unser Zelt gerichtet waren. Ich war mir sicher, dass Dan und ich jeden Moment komplett durchnässt unter offenem Himmel liegen würden. Aber das Zelt hielt stand. Es war der Donner, der wirklich beängstigend war und auch in der Erinnerung bleibt. Der Donner war über uns und unter uns, er war weit weg und gleichzeitig ganz nah, aber aus welcher Richtung auch immer er kam, egal wie nah oder weit er war, er war nicht wie der Donner, den ich von zu Hause kannte oder in meiner Fantasie erlebt hatte. Da war das Klatschen und das Tosen, das ich mit Donner assoziiere, aber in diesem Fall schien es aus der Tiefe der Erde und aus den Bergen zu kommen, die Num umgaben, und das deutete darauf hin, dass es eine tiefere Erde mit Bergen gab, die sich jenseits von Num befand. Der kriegsähnliche Angriff von Regen und Donner dauerte die ganze Nacht an. Ich schlief, die Angst weckte mich, dann schlief ich wieder ein. Schließlich wachten wir zu Dauerregen auf und stellten fest, dass wir zur Gänze in einer dicken Wolkenmasse eingeschlossen waren. Die Sichtweite betrug ein paar Meter. Wir begannen, den vor uns liegenden Tag zu planen, saßen in Num herum, warteten darauf, dass das Wetter sich änderte, und dachten, das würde Tage dauern, denn der Regen und die Wolken, die uns eingeschlossen hatten, sahen so aus, als würden sie ewig so bleiben. Wir holten Bücher hervor, aktualisierten unsere Tagebücher, fischten Anekdoten zur Unterhaltung aus den Tiefen der Erinnerung. Gegen zehn Uhr hörte der Regen auf, die Wolken hoben sich, lösten sich in kleine Strähnen auf. Dann kam die Sonne heraus und schien mit einer Helligkeit, als ob sie gerade neu geboren worden wäre. Diese Wandlung vollzog sich innerhalb von fünf Minuten – von bedrohlicher, regenschwerer Schwärze, zu gleißender Sonne und staubiger Trockenheit. Wir packten alles schnell zusammen und machten uns wieder auf den Weg. Wir verabschiedeten uns von den Campern, die wir zu Beginn in Tumlingtar getroffen hatten, die aus Spanien und Deutschland und Frankreich kamen. Sie gingen zum

Base Camp Makalu und würden in sieben Tagen dort ankommen. Sie gingen nach rechts, wir gingen nach links, und ich rechnete nicht damit, sie jemals wiederzusehen.

DIE MAOISTEN

Um halb elf verließen wir das Dorf Num; am Tag erinnerte fast nichts an den Sturm der letzten Nacht, oder was auch immer das gewesen war. Wir verließen das Dorf durch einen Hinterhof. Menschen winkten uns zu und riefen den üblichen nepalesischen Gruß »Namaste«, das Äquivalent zu »Habt einen guten Tag«, erklärte mir Sunam. Es war eine simple Grußformel, aber ich konnte ihn nicht korrekt aussprechen. Es gelang mir einfach nicht, ihn in der Intonation widerzugeben, wie er mir vorgesprochen wurde.

Wir gingen bergab, und das bedeutete wie immer, dass es irgendwann vor Ende des Tages einen Aufstieg geben würde. Nach drei Tagen wusste ich sicher, dass ein Aufstieg zu einem Abstieg führte und umgekehrt. Der Aufstieg war immer so hart, und ich freute mich nie darauf. Das Absteigen wurde auf Dauer aber auch ziemlich hart, nach dieser Reise dauerte es vier Wochen, bis sich meine Knie erholt hatten. Dennoch: Wollten wir etwas finden, was in unseren Gärten wachsen konnte (dies traf besonders auf mich zu, da ich in der kältesten Gartenzone lebte), mussten wir aufsteigen.

Ich war nun aber sehr froh, wieder unterwegs zu sein, zu gehen und nicht zu sitzen oder zu liegen, während ein Sturm von ungeahnter Wildheit um mich herum wütete.

Jedenfalls schien mir das Absteigen nicht so viel auszumachen. Wir waren den Tag zuvor meist hinaufgegangen, bis auf 1829 Meter. Der Weg nach oben war sehr kräftezehrend, so sehr, dass ich anfing, ihn wie echtes Bergsteigen anzusehen. Das ist es aber nicht. Das außerordentlich Anstrengende daran war, dass hinter jedem Gipfel ein neuer war, der immer noch höher war. Die Leichtigkeit, mit der ich in meinem Alltag überallhin kam, war meine Grundannahme. Wenn ich irgendwohin wollte, musste ich nur einen Weg finden, mich dorthin transportieren zu lassen. Die Idee, dass ich mich selbst von einem Punkt zum anderen bringen musste aus eigener Kraft, war schwer zu begreifen und ist es sogar jetzt noch, Monate später, während ich dies schreibe. Aber was hatte ich denn gedacht, als ich mir diese Reise vorgenommen hatte? Selbstverständlich wusste ich, dass ich zu Fuß gehen würde. Ich hatte nur nicht mit einberechnet, wie anstrengend das wirklich werden würde. An diesem vierten Tag nun fühlte ich, dass meine Beine dabei waren, sich dieser Fortbewegungsart anzupassen. An diesen Weg, der sich durch große rutschige Felsen, rund um umgestürzte Baumstämme schlängelte. Ich ging vorsichtig, und dennoch knallte ich auf meinen Hintern, weil ich meine Schritte falsch bemessen hatte.

Und da war er plötzlich wieder, der dramatische, magische Wetterwechsel, mit dem ich gelernt hatte zu rechnen. Wir waren gleich nach dem Regen losgegangen. Es war immer noch kalt, also gingen wir in Pullovern los. Plötzlich war es heiß. Wir waren aus einem feuchten, kalten und dunklen Wald in offenes Gebiet gelangt. Es war

Die Autorin überquert eine der gefährlichen Brücken über den Arun.

plötzlich so heiß, dass Dan eine Abzweigung zu einem Bach nehmen wollte, der in einen Teich floss, wo man baden konnte. Er konnte ihn aber nicht finden.

Wir suchten den ganzen Wald, der bekannten Welt entrissen, nach diesem Teich ab, aber fanden keinen. Aber wir betraten eine Welt voller Schmetterlinge. Zuerst waren es nur leuchtend gelbe, sie tanzten in der blauen klaren Luft direkt über unseren Köpfen und vor unseren Gesichtern. Es waren so viele, als würde jemand oder etwas in der Nähe nichts anderes tun, als diese Wunder zu produzieren. Und dann tauchten noch viele andere auf. In atemberaubenden Farbkombinationen, wie man sie nur in der Natur findet. Und nur die Natur lässt all diese Kombinationen harmonisch erscheinen: Kastanienbraun und Grün, Rot und Gold, Rot mit Schwarz, Blau und Grau, Aquablau und Schwarz.

Ich hatte eine Kamera bei mir, aber ich wollte sie nicht fotografieren. Ich hätte es auch nicht gekonnt, sie standen ja nie still. Sie waren so ein wohltuender Gegensatz zum Blutegel vom Vortag. Ein solcher Anblick, ein Schwarm von so vielen verschiedenen Schmetterlingen, wurde mir nicht noch einmal vergönnt, Blutegel blieben aber eine ständige Sorge.

Schließlich kam der Fluss Arun in Sichtweite. Wir konnten auch schon die Brücke sehen, über die wir gehen mussten. Diese erste Brücke war der reine Luxus im Vergleich zu einigen der Brücken, die ich später überqueren musste. Aber der Arun war an der Stelle breit und wahrscheinlich genau dort sehr tief, und die Brücke war schmal und lang, und ich hatte noch nie zuvor eine solche Brücke überquert. Kurz vor dem Überqueren entdeckte ich im Betonfundament der Brücke eine leuchtend rote nepalesische Schrift und einen Stern (wie ein roter Stern). Maoisten, dachte ich, hier sind sie also, das ist eines ihrer Zeichen. Ich hatte sie immer im Hinterkopf; ich hatte mich vor der Reise ein wenig über ihre Präsenz und ihre Aktivitäten in Nepal erkundigt. Bevor ich anreiste, hatte Dan gesagt, sie hätten es nicht auf Ausländer abgesehen, und statt ihm zu antworten, dass sie aber trotzdem Menschen töteten und wir deshalb nicht dahin fahren sollten, war ich einfach nur froh, eine Fremde zu sein, die von diesem Zorn nicht betroffen war. Hier wurden Menschen umgebracht. Wenn anfangs selektiv vorgegangen wird und bestimmte Gruppen verschont werden, kann es am Ende wohl jeden treffen. Ich traue niemandem, der erklärt, nur seine Landsleute umzubringen, mich aber verschonen zu wollen. Ich habe Dan nur geglaubt, weil ich es glauben wollte, in Wahrheit glaubte ich Dan überhaupt nicht. Ich hatte Angst, umgebracht zu werden, sollte ich auf Maoisten treffen. Aber der Gedanke an den Garten und an die darin wachsenden Pflanzen, die ich zuvor in ihrem natürlichen Habitat gesehen haben würde, wog schwerer. Vielleicht würde ich Glück haben und nur die Graffiti der Maoisten sehen aber niemals sie selbst.

Ich überquerte den Fluss Arun über diese Brücke. Es war genau halb zwölf, und wir waren auf einer Höhe von 623 Metern. Alle gaben acht aufeinander. Sie hatten die Brücke schon einmal überquert. Sunam und Mingma und Thile lachten mich nicht aus; die Träger lachten mich nicht aus. Sunam wartete am anderen Ende auf mich und lobte meinen Mut. Er war sehr nett und half mir, Herausforderungen immer mit Zuversicht zu begegnen. Schon früh hatte er mir unsere Route auf der Karte gezeigt, ich muss einen gequälten Eindruck gemacht haben, denn er sagte mit viel erzwungener Heiterkeit, dass es sehr schön werden würde, als wüsste er, dass er mich auf diese Weise beruhigen könnte. Einmal, als ich nach sehr viel Schnaufen und Prusten einen Bergrücken erreicht hatte, nur um einen weiteren Grat zu sehen und dahinter wieder einen riesigen Berg, fragte ich Sunam nach dem Namen des Berges, den ich vor mir sah. Er sagte: »Das ist kein Berg, das ist ein Hügel, und er hat keinen Namen.« Genau das hat er gesagt. Aber natürlich gibt es keine Hügel in Nepal, es gibt keine Wiesen, keine Täler. Was man Hügel und Wiesen und Täler nennen könnte, sind nur kleine Unterbrechungen, kleine Ablenkungen in einer Landschaft, die nur aus Bergen besteht. Ich wusste, dass es keine Hügel gab, aber als Sunam das aussprach, wurde ich wirklich sprachlos. Zuvor hatte ich ihn nach den roten Markierungen an der Brücke gefragt, hatte laut wissen wollen (obwohl ich flüsterte), ob das Insignien der Maoisten waren. Er verneinte, es sei nur das nepalesische Volk, das seine Meinung bei den letzten Wahlen geäußert habe. Sicher waren einige dieser Meinungen bei den letzten Wahlen die der Maoisten. Ich wusste das, aber ich sagte es ihm nicht. Und ein weiterer Grund, warum ich alles, was er sagte, mit Vorsicht genießen musste: Immer wenn die Menschen, auf die wir trafen, über uns zu reden schienen, besonders über mich (manchmal war es meine

Hautfarbe, manchmal meine Frisur), und wir Sunam fragten, was da geredet wurde, antwortete er, dass er ihre Sprache nicht verstand. Er erklärte, sie würden in einer lokalen Sprache sprechen, die er nicht kannte. Was Sunam verstand und was nicht, wurde uns eine Quelle der Erheiterung. »Was sagen sie?«, fragten wir. »Ich verstehe es nicht«, antwortete Sunam. Ein Witz zwischen Dan und mir war: »Was sagen sie? – (kurze Pause) – Ich verstehe nicht«, und unsere Lachsalven erreichten jene Körperstellen, die nicht schon vom Wandern wehtaten.

Um halb zwei, in einer Höhe von 924 Metern und bei einer Temperatur von sechsunddreißig Grad hielten wir an und aßen an einem Ort zu Mittag, der nicht einmal auf der Karte verzeichnet war. Er befand sich auf dem winzigen Plateau am Ende eines Steilstücks, das wir gerade bewältigt hatten. Wir hatten eine Stunde bis dorthin gebraucht, nachdem wir den Arun überquert hatten – eine Strecke von nicht einmal einem Kilometer. Unsere Begleiter waren schon vor Ort und hatten alles vorbereitet: warme Getränke, Kartoffelsalat, Pilze und gekochte Melone. Eine junge Frau saß auf der Veranda ihres Hauses und kämmte hingebungsvoll ihr eigenes, sehr schönes, langes schwarzes Haar, um die Läuse zu entfernen. Aufgrund ihrer routinierten Bewegungen konnte ich ahnen, dass sie nie alle Läuse loswurde. Sie sah sehr traurig aus und irgendwie in sich gekehrt wie Menschen, die in ihrem Tun vollkommen aufgehen.

Wir gingen durch ein sehr ordentliches Dorf mit weiß gestrichenen Holzhäusern. Es war zu früh, um Rast zu machen. Das Dorf schien auch alle flachen Stellen besetzt zu haben, auf denen wir hätten campen können. Es war heiß, tropisch, und ich erkannte Pflanzen aus Mexiko: *Bougainvillea,* Dahlien, Ringelblumen und vor allem Weihnachtssterne. Jedes Haus war von einem ungewöhnlich kunstvoll angelegten Gemüsegarten umgeben. Die Kürbisreben waren sorgsam an Gittern angebracht, konnten dann aber auf das Dach eines nahe gelegenen Gebäudes klettern, und sie waren so schön, dass sie einen Garten mit ästhetischem Gesamtbild ergaben. Angesichts dessen erinnerte ich mich wieder, dass ja der Garten Eden unser Ideal und unsere Idylle ist, jener Ort, an dem jede Blume eine essbare Pflanze ist. Wir versuchen, unser Essen schön zu gestalten, und wir versuchen, Blumen nutzbar zu machen, aber mir scheint, dass dies niemals ganz gelingt. In diesem Dorf stand auf fast jedem Gebäude etwas in roter Farbe geschrieben, gefolgt von sonnenähnlichen Emblemen, wie ich sie zuvor an der Brücke gesehen hatte. Ich fragte Sunam nicht, wo wir waren, denn ich vermutete, dass es in die Kategorie eines Ortes ohne Namen fiel, eines Ortes, in dem er die Sprache nicht verstand. Wir gingen weiter und verbrachten die Nacht auf dem Schulgelände des nächsten Dorfes namens Hedangna. Der Mittelpunkt des Ortes war ein Brunnen. Dieser war jedoch nicht zur Zierde gebaut worden, sondern aus Notwendigkeit. Vom Schulhof, wo wir zelteten, hatten wir die schönste Aussicht auf eine ungeheure Felswand, von der sich weiße, klar begrenzte Wasserbänder ergossen. Es waren Wasserfälle, aber sie schienen anders zu fallen als normal, als würden sie einem Plan folgen, gesteuert von einer unsichtbaren Hand. Eine Naturgewalt von atemberaubender Schönheit – und Grausamkeit. Denn der hier vorhandene Überfluss geht einher mit Wassermangel. Es ist sehr schwer, in diesem Dorf Nutz- und Trinkwasser zu bekommen, obwohl es doch so viel davon gibt. Man konnte überall Wasser sehen, aber es ist schwer, es nutzbar zu machen. Nach ein paar Tagen sahen wir eher der lokalen Bevölkerung als den Touristen ähnlich. Die Sehnsucht nach einem Bad war uns ins Gesicht geschrieben. Und riechen konnte man es auch. Wie um uns an den Anfang des Tages zu erinnern, sprang, kurz bevor die Sonne verschwand – nicht unterging, sondern verschwand –, ein Regenbogen aus den Wolken, die die Felszacken vor uns verbargen. Wir schätzten, dass wir an diesem Tag fünf Kilometer gegangen waren. Nur fünf Kilometer von Num entfernt fanden wir eine ganz andere Welt vor. Wie wenn man auf eine Reihe von Bildern desselben Ereignisses schaut, aber aus verschiedenen Blickwinkeln und zu verschiedenen Tageszeiten. Num war nur fünf Kilometer weit entfernt. Ich konnte es sogar über das tiefe Tal sehen, aus dem ich gekommen war, aber die Distanz schien mir trügerisch, obwohl ich sie tatsächlich sehen konnte.

In dieser Nacht waren wir von mehr Kindern und Erwachsenen umgeben als üblich, und Sunam bedeutete mir, mein Satellitentelefon nicht zu benutzen. Ich ahnte, dass er sich Sorgen machte, dass die Maoisten in der Nähe waren. Jungs und Mädchen in gleicher Zahl kamen, um uns zu sehen. Auch ein Mann, der ein Baby trug, aber er konnte nicht der Vater sein, er wirkte so jung. Eine alte Frau kam zu mir und untersuchte mich buchstäblich. Sie hob meinen Arm und spähte in meine Augen und berührte und zog an meiner Haut; dann befühlte sie meine Zöpfe und zählte sie laut in ihrer Sprache, eine Sprache, von der Sunam sagte – gottseidank kann ich das noch einmal sagen –, er würde sie nicht verstehen. Wir gingen in unsere Zelte schlafen, Sue und Bleddyn in ihres, Dan und ich in unseres. Dan las ein Buch, von dem er sagte, es sei sehr schlecht; ich versuchte, meinen Smythe zu lesen, merkte aber, dass ich mich nicht auf sein Abenteuer konzentrieren konnte, denn ich hatte mein eigenes.

Am nächsten Morgen verließen wir unser Lager um halb acht. Es hatte achtundzwanzig Grad. Das Frühstück bestand aus Reis-Porridge und Omelett mit Zwiebeln. Wie gut alles geschmeckt hat! Wie gut alles ausgesehen hat! Die Welt, in der ich lebte, das heißt, die Welt gewaltiger Berge, der höchsten Gipfel der Welt, lag am Horizont. Wenn ich nur bis dorthin kam, bis zur Welt der schönsten Pflanzen, um sie in meinem Garten wachsen zu lassen. Das war mein Ziel.

An jenem Morgen konnte ich sehen, dass auf dem Gipfel eines von Sunams »Hügeln ohne Namen« Schnee lag. Am Tag zuvor hatte Bleddyn mir geflüstert, ich sollte versuchen, die Pflanze *Actaea acuminata* zu finden, weil jemand namens Jamie mir dafür den roten Teppich ausrollen würde. Dan meinte, wir wären dafür zu weit unten; Bleddyn entgegnete, dass wir bald so weit sein würden. Ich hatte natürlich keine Ahnung, ich kannte diese Pflanze nicht. Trotzdem nahm ich mir vor, mich danach umzusehen. Sehr zu Dans und Bleddyns Ärger fragte ich ständig »Was ist das?« in einem sehr studentischen Ton-

Die Digitalkamera der Autorin bietet den Dorfbewohnern einen seltenen Blick auf Fotos von sich selbst.

fall. Sie waren genervt, und ich merkte, dass sie möglichst weit vorausgingen, um mich nicht hören zu müssen. Sie fanden eine Pflanze namens *Amorphophallus* in einer Höhe von 1369 Metern, und sie trug Samen, die sie ihr abnahmen. Wie aufregend, vor allem für mich, denn ich hatte zuvor noch nie eine *Amorphophallus* gefunden. Das war auch noch nie Thema. Die Pflanze sah aus wie ein Gefleckter Aronstab, nur dass die Blütenscheide aufrecht stand. Bleddyn erwartete eine *Daphne bholua* direkt dort, wo wir waren. Aber wir konnten keine finden. Dann gelangten wir zu einem Dorf. Wieder eins, das nicht auf der Karte eingezeichnet war. Dort, im Hof eines der Häuser, hingen Papierblätter an einer Wäscheleine, vermutlich zum Trocknen. Dan und Bleddyn wurden gleich nervös, denn *Daphne bholua* ist eine Pflanze, die oft zur Papierherstellung verwendet wird. Sie rannten zum Besitzer des Hauses, um einige der Papierblätter zu kaufen. Dieser war sehr überrascht von der plötzlichen Nachfrage nach seinem Produkt, aber er zeigte es nicht, jedenfalls nicht so, dass man es wirklich hätte sehen können. Dan kaufte fünfundzwanzig, ich zwölf Blätter. Bleddyn kaufte ziemlich viel, weil er das Papier brauchte, um die gesammelten Fundstücke zu trocknen. Auf unseren kleinen »Einkaufsbummel« (und es war wunderbar, etwas zu kaufen), dessen Last wir einfach an unsere Träger weiterleiteten, folgte eine kleine Meinungsverschiedenheit zwischen Dan und Bleddyn darüber, ob das Papier aus *Daphne bholua* oder *Edgeworthia gardneri* hergestellt war. Dieses Papier war übrigens kein Exportartikel. Es wurde für den täglichen Gebrauch der Menschen aus der Umgebung hergestellt. Es erinnerte mich an eine schöne junge Frau, die ich am Tag zuvor im Dorf Hedangna angetroffen hatte. Sie war mit einem Salzsack auf dem Rücken in ihr Dorf zurückgekehrt, nachdem sie bis nach Hile gegangen war, einer großen Stadt, die eine Busverbindung nach Kathmandu hat, um eine Ladung Salz zu kaufen. Es war ein Sechs-Tage-Marsch zu Fuß von ihrem Dorf Ritak, nahe der tibetischen Grenze, nach Hile – und sechs Tage zurück. Sie trug einen kleinen Topf mit sich, etwas Reis und eine dünne Schaumgummimatte. Wir trafen oft Menschen, die in die eine oder andere Richtung gingen (obwohl, wenn sie in unsere Richtung gingen, überholten sie uns leicht), und auf dem Rücken einen Topf, und irgendeine Art Getreide und ihre Matratze trugen; manchmal gingen wir an ihnen vorbei, während sie ihr Essen kochten, manchmal passierten wir Menschen, die auf dem Weg schliefen, als hätten sie keinen weiteren Schritt machen können und sich einfach dorthin gelegt, wo der Schlaf sie übermannte.

Wir wanderten jetzt über ausladende, steinige Wiesen. Einige Zeit führte der Weg einen gefährlichen Vorsprung entlang. Ich seufzte tief und oft. Ein schöner gelb blühender *Hibiscus* lag auf dem Weg. Er sah ungefähr so aus wie *Abelmoschus manihot*, aber wenn es diese Pflanze war, so war sie es in der schönsten Form, die ich je gesehen habe, in hellem, nahezu gleißendem Gelb mit riesigen Blüten. Aber es war kein Samen zu finden. Wir gingen weiter. Es wurde feucht und schattig. Ein idealer Ort für *Codonopsis*. Wir konnten sie riechen, aber nicht sehen. Schließlich fand Bleddyn eine Pflanze mit ein wenig Samen.

Es hatte sechsunddreißig Grad, als wir fürs Mittagessen aus Dosenbohnen, Fleisch und Spinat rasteten. Wir lagerten in der Nähe eines Baches, der in den Arun floss. Wir setzten uns hinein, an eine Stelle, wo er einen Tümpel bildete, und behielten dabei all unsere Klamotten an.

An diesem Nachmittag überquerten wir den Arun viermal, und drei der vier Brücken waren in sehr gutem Zustand. Die eine, die weniger gut beisammen war, überquerte ich sehr langsam. Ebenfalls an diesem Nachmittag sahen wir einige weiße Affen hoch über uns in den Bäumen. Sie kommunizierten mit den schönsten Lauten. Ich freute mich über diese Begegnung. Vielleicht kam ich durch sie einen Schritt näher an die Natur. Und das war ja das eigentliche Ziel dieser Reise. Dan zeigte mir eine Ranke mit weinartigen Blättern und Stielen mit goldenen Härchen. Es war eine *Clematis buchananiana*, etwas Neues für mich. Dieses Exemplar hatte keine Samen. Wir sollten noch viele finden, aber keine mit Samen. Das tat sogar mir leid.

Als wir das letzte Mal an jenem Tag den Arun überquerten, waren wir müde. Wir wollten anhalten, unser Lager errichten, aber Sunam trieb uns weiter. Wir gingen durch Reisfelder und sumpfige Brachen. Wir sahen viel wild wachsendes Marihuana, und wir sahen Menschen, die es rauchten. Endlich, um halb fünf, bei sechsundzwanzig Grad, auf 1088 Metern Höhe, kamen wir ins Dorf Uwa, der Ort, wo wir die Nacht verbringen sollten. Uwa war vollständig unter maoistischer Kontrolle.

Als wir das Dorf betraten, konnten wir sie schon sehen. Von einem Haus zum anderen waren Banner gespannt.

Auf ihnen war eine rote Sonne und, so nehme ich an, die gleichen Sprüche wie die an der Brücke. Sunam war eine Stunde vor uns im Dorf angekommen. Er ging normalerweise vor, um sicherzugehen, dass bei unserer Ankunft alles vorbereitet war. Aber als wir eine Stunde später in Uwa ankamen, standen die Träger mit dem Gepäck zu ihren Füßen herum, und Sunam war nirgends zu sehen. Er führte Verhandlungen mit dem Chef der Maoisten. Dieser konnte oder wollte uns nicht erlauben, die Nacht dort zu verbringen. Es folgten viele Beratungen. Schließlich mussten wir 4.000 Rupien bezahlen, und gegen sechs Uhr durften wir das Dorf betreten und unser Lager auf dem Schulgelände errichten. Um auf das Schulgelände zu gelangen, mussten wir uns vorsichtig durch ein Reisfeld fädeln. Vorsicht war geboten, um die Ernte nicht zu ruinieren und unsere Schuhe nicht nass zu machen. Wir bekamen das ziemlich gut hin und waren gerade dabei, uns zu beruhigen, als wir sahen, dass unsere Schuhe voller Blutegeln waren, die sich eifrig in unsere dicken Wandersocken hineinwühlten und versuchten, etwas von unserem teuren Erste-Welt-Blut abzubekommen. Ich habe natürlich geschrien, meine Schuhe und Socken ausgezogen, meinen ganzen Körper abgesucht und Sue gebeten, jene Teile zu inspizieren, an die ich nicht herankam. Sie tat es, und ich tat das Gleiche bei ihr.

Die Lage schien düster. Sunam hielt es für das Beste, wenn mein Satellitentelefon bei ihm blieb. Der Maoist hatte ihm erklärt, dass wir nicht durch das Dorf weitergehen durften. Die 4.000 Rupien waren nur für die Übernachtung. Wir begannen Ausweich-Routen zu überlegen.

Dorfkinder

Und Sunam entwickelte alternative Strategien. Und so wurden Sue und Bleddyn Waliser, Dan und ich Kanadier. Bis dahin war es mir nie in den Sinn gekommen, mich anders als amerikanisch zu bezeichnen. Aber die Maoisten hatten Sunam gesagt, dass »Präsident Powell« gerade in Kathmandu gewesen war und sie als Terroristen verunglimpft hatte, was sie sehr wütend auf »Präsident Powell« werden ließ.

Ich hatte meine eigenen Gründe, ebenfalls wütend auf »Präsident Powell« zu sein. Jedenfalls hatte ich bemerkt, dass an alle Brücken über den Arun kleine Schilder geschraubt waren, auf denen dem Financier der Brücke gedankt wurde. Die genannten Länder waren entweder Kanada oder Schweden. Ich hatte keine Ahnung, wie vertraut Maoisten mit Menschen aus Kanada und Schweden waren. Kanada schien so groß, undefiniert, diffus. Ich beschloss, mich als Kanadierin auszugeben, wenn ich gefragt würde. Und ich schämte mich überhaupt nicht.

Wann immer wir in einem Dorf Station für die Nacht gemacht haben, waren schon alle Kinder der Umgebung zur Stelle, um uns anzustarren. Ein paar Erwachsene kamen auch, aber meistens waren es Kinder. Sie schauten uns zu, während wir uns wuschen, während wir aßen, aufs Klo gingen (ein kleines Zelt, das wir mit uns trugen und das fast immer das erste Zelt war, das aufgebaut wurde, wo auch immer wir waren), aber auch wenn wir nur herumsaßen und lasen. In diesem Dorf kam niemand, um uns anzusehen. Alle Kinder saßen auf einem Mauervorsprung direkt über uns. Sie kletterten auch auf die

Bäume und begannen dieselben Geräusche zu machen wie die Affen, die auch über uns in den Bäumen saßen. Man wollte uns stören, aber das gelang überhaupt nicht. Nichts konnte beunruhigender sein, als in einem Dorf zu schlafen, das unter der Kontrolle von Menschen war, die über Leben und Tod entscheiden konnten.

Das Dorf lag an einem eher ungewöhnlichen Ort, und es muss gute Gründe gegeben haben, warum sich die Menschen gerade hier angesiedelt hatten. Es war an allen vier Seiten von hohen, steilen Klippen umgeben. Es war mehr wie ein Damm, eher dafür geschaffen, Dinge zu lagern, als ein Ort, an dem man lebte. Er hatte drei Ein- und Ausgänge. Die Klippen waren so hoch, dass sie sogar die Weite des Himalaya-Himmels schrumpfen ließen. In jener Nacht unternahmen wir den üblichen Blutegel-Check. Kein Lachen kam aus unseren Zelten. Wir erwachten am nächsten Morgen mit dem üblichen Tee und einem unüblichen Maß an Angst. Würden sie uns unseren Weg fortsetzen lassen oder uns zurückschicken? Sie ließen uns gehen. Sunam gab ihnen noch mehr Rupien; wie viel mehr, wollte er nicht sagen. Er ließ sich eine Quittung ausstellen, um den anderen Maoisten zeigen zu können, dass er diesen Wegzoll bereits bezahlt hatte, falls wir ihnen begegnen sollten. Dan war sehr aufgebracht und bezeichnete das als Erpressung. Sunam hatte erfahren, dass wir unseren nächsten geplanten Lagerplatz meiden und nicht einmal in dessen Nähe kommen sollten. Denn wer in dem betreffenden Dorf das Sagen hatte, stand den Maoisten noch näher und war den Worten von »Präsident Powell« in Kathmandu noch feindlicher gesinnt.

Wir verließen Uwa um halb acht und waren sehr froh darüber. Niemand hatte mit uns gesprochen, nicht einmal das übliche *Namaste* fiel! Wir nahmen sprichwörtlich die Beine in die Hand. Und wieder kam ein Anstieg. Dieser führte uns vom Arun weg. Es war gut, früh am Morgen unterwegs zu sein, aber so früh am Tag aufzusteigen, war nicht Bleddyns Sache. Er wollte eine kurze Wanderung zum Fluss Barun unternehmen, um an Samen zu kommen. Wie enttäuscht er war, den Barun so vorzufinden: eine dünne Strähne von milchigem Weiß, die den Berg herunterkommt und in den Arun mündet, der weit unter uns lag. Er verfluchte die Maoisten. Wir waren nun seit sechs Tagen unterwegs und hatten nichts Bedeutendes zum Sammeln gefunden. Nichts für mich jedenfalls. Ich hätte diese Wanderung auch unternommen, wenn ich mich nicht für Gärten interessierte. Nur um zu sehen, wie die Erde sich nach oben auffaltet und um die Welt als schier unendliche Abfolge von Vertikalen zu erfahren, als ewiges Rauf und Runter mit ein paar Horizontalen oder auch Diagonalen dazwischen, die nur dazu dienten, die vertikale Welt überhaupt zugänglich zu machen. Diese Erfahrung ließ mich demütig innehalten. Ich sah die Menschen, fotografierte sie, aber ich machte mir keine Notizen, ich beschrieb nicht ihre physische Erscheinung, da ich sehen konnte, dass sie es mir nicht gleichtun konnten. Ich habe Menschen gesehen, die aussahen, als ob sie aus dem Süden kämen (in diesem Fall aus Indien), und Menschen, die aussahen, als kämen sie aus dem Norden (in diesem Fall aus Tibet). Ich sah Hindus (diese sahen aus, als kämen sie aus dem

Süden), und ich sah Buddhisten (die ausssahen, als kämen sie aus dem Norden).

Wie immer gingen wir auf einem Felsvorsprung, und ein falscher Schritt in die falsche Richtung hätte einen jeden von uns über dreißig Meter in die Tiefe geschickt, um entweder in Baumkronen oder auf steilem Fels zu landen. Denn manchmal befand sich unter uns dichter Wald, anderntags waren es steile Klippen. Wir machten eine Mittagspause nach ein Uhr. Der Arun lag vor uns und so auch die Mündung des Barun. Sogar von so weit oben konnten wir das Rauschen des Wassers hören. Wir ließen uns zum Mittagessen nieder. Und das vergesse ich nie, weil es das letzte Mal war, dass es Brot gab. Zum Nachtisch gab es Toast mit Marmelade und Tee. Es war der beste Marmeladentoast, den ich je gegessen hatte, und währenddessen dachte ich: Das wird für den Rest der Reise meine Leibspeise. Aber als ich abends danach fragte, beschied man mir, dass das letzte Brot zu Mittag aufgegessen worden war. Es dämmerte mir, dass es keinen Sinn hatte weiterzufragen. Nach dem Mittagessen marschierten wir weiter und fühlten uns viel besser, weil wir unser Dorf in der Ferne sehen konnten und auch weil das Sammeln spannend wurde, zumindest für einen Gärtner, der in einer Zone lebt, die mindestens zwei Zonen wärmer ist als die, in der ich meinen Garten habe. Wir waren auf einer Höhe von etwas unter 1829 Metern, und unter den Pflanzen, die Dan und Bleddyn sammelten, waren: *Hydrangea aspera* subsp. *strigosa*, *Boehmeria rugulosa*, *Costus* sp., *Acer* (Ahorn), *Paris polyphylla*, *Woodwardia* sp., *Anemone vitifolia* und *Rubus lineatus*.

Es war ungefähr drei Uhr, als wir im Dorf ankamen und wir waren froh, dass wir den Maoisten ausgewichen waren. Aber irgendetwas hatte Sunam dazu veranlasst, die Stelle für unseren Zeltplatz zu ändern. Wir waren einem Mann begegnet, der gerade die Kuppen dreier Finger seiner linken Hand verloren hatte. Jemand muss ihm gesagt haben, dass wir kommen, denn er wartete mit ausgestreckter Hand auf uns und weinte. Dan, der immer ein kleines Erste-Hilfe-Set in seinem Rucksack dabeihat, reinigte die Wunden, versorgte und verband sie. Wir überlegten, ob wir ihm unsere Schmerztabletten geben sollten, die ihm einige Tage helfen könnten. Das Ganze endete mit einer Mitteilung Sunams, dass wir nicht in diesem Dorf übernachten würden. Wir müssten etwas weitergehen, über das Dorf hinaus. Was auch immer er im Dorf über uns gehört hatte, hat er uns nie erzählt. Uns wurde nur gesagt, dass wir etwas höher campen würden. Wir nahmen dann eine Straße außerhalb des Dorfes, um das Dorf herum, nicht hindurch, und sahen einige schöne Häuser aus Lehm, weiß gestrichen, mit einer Art Schablonendekoration um die Fenster und Türen. Ich hatte zwei Nächte zuvor etwas Ähnliches gesehen, als wir in Hedangna waren, aber da waren die Schablonenmuster braun, während sie hier blau waren. Bleddyn stieß auf ein rosa Windengewächs *(Convolvulus)*, dessen Duft wir wahrnahmen, lange bevor wir es sahen. Aber es hatte keine Samen, und nachdem sich die Botaniker darüber echauffiert hatten, zogen wir weiter und hofften, woanders ein Windengewächs mit Samen zu finden. Wir fanden noch zwei, aber immer blühend und immer samenfrei.

Nachdem wir das Dorf verlassen hatten, führte uns ein steiler Weg durch eine Landschaft, die vor kurzem der Verwüstung anheim gefallen sein musste. Wir mussten hinaufklettern und dann einen Abhang queren (überall anders würde man ihn als Steilhang bezeichnen), von dem vermutlich ein Erdrutsch abgegangen war. Hinweise auf solche Murenabgänge gab es überall, wie ein Memento dafür, dass alles was hoch ist, irgendwann fällt. Wir, und damit meine ich Sue, Bleddyn, Dan und ich, reagierten verwundert (Dan und Bleddyn wenig, Sue eher wenig, ich sehr), und dann marschierten wir weiter. Zwei Männer, die lange, dicke Bambusstämme trugen, die an um den Kopf gewickelten Trägern befestigt waren, kamen uns entgegen und zogen an uns vorbei. Sie schienen unsere Anwesenheit für selbstverständlich zu nehmen, als ob sie bereits von uns gewusst hätten, noch bevor sie uns sahen, oder als ob unsere Anwesenheit typisch wäre – oder als wären wir überhaupt nicht wichtig. Wir marschierten weiter; in diesem kritischen Augenblick marschierten wir, denn ein gelassenes Gehen war nicht mehr möglich, nachdem wir mit den Maoisten in Kontakt gekommen waren. Als wir oben ankamen, waren wir, wie üblich, nicht am Ziel. Was uns wie ein Gipfelpunkt erschien, war nur der Ort, von wo der Felssturz seinen Anfang genommen hatte. Der Berg erhob sich und es war, als hätte er einfach sein halbes Gesicht verloren. Wir mussten etwas weiter hochsteigen, weil zum einen Cook, der uns immer voraus war – er konnte so schnell laufen –, kein Wasser finden konnte. Und wir brauchten zum anderen auch eine ebene Stelle für unser Lager, um ein Nest für unsere kleine Gemeinschaft aus Mühseligen und Beladenen, aus Pflanzenjägern und ihren so wichtigen nepalesischen Mitstreitern zu bauen. Wir stiegen weiter hoch, jede Wendung ließ auf eine ersehnte ebene Stelle und Wasser hoffen. Denn es wäre doch absurd, wenn bei all dem milchig-weißem, in die Tiefe stürzendem Wasser nicht etwas für uns dabei wäre. Aber Cook sprintete hoch und dann wieder runter zu Sunam, um die Lage zu besprechen. Auf unserem Weg nach oben, nach der Stelle, an der der Fels gebrochen und ins Tal gestürzt war, begegneten wir einem Hirten; schon davor waren wir seinen Kühen begegnet. Wir hatten den Kühen Platz gemacht, weil wir immerhin in ihrem Zuhause waren und ihnen den gebührenden Respekt erweisen wollten. Aber eine Kuh ist eine Kuh, stur und potenziell gefährlich. Man denke nur an ihre Hörner, und in diesem Fall schienen *sie* an ihre Hörner zu denken. Der Hirte dirigierte sie sachte, führte sie nach unten, weg von uns, brachte sie in die steilen mit Büschen bewachsenen Hänge abseits ihres gewohnten Wegs, nur um uns zu beruhigen. Ich hätte den Hirten und seine Kühe schlicht vergessen, aber ich sah ihn in der Nacht danach und drei Nächte später wieder im Traum.

Die Kühe, ihr Hirte, Cook, der kein Wasser fand – all das drückte die Stimmung. Wir wurden gereizt. Wir waren abgeschnitten, weit weg von unserem Lager weit über dem Dorf und weit weg von unserem Mittagsrastplatz. Die Sonne sank. Das Licht wurde schwächer, als würde jemand die Beleuchtung dimmen. Wir, und damit meine

Die Lasten der Träger können fünfundvierzig Kilogramm übersteigen.

ich in erster Linie mich, fingen an zu jammern und zu klagen. Von unserer Position aus konnten wir sehen, wie die Träger unser Gepäck, die Zelte, sämtliche Vorräte und Dinge schleppten, während wir dort festsaßen, wo wir zu Mittag gegessen hatten. Sollte Cook also einen Ort zum lagern finden – und das hing immer von ihm ab –, konnten wir die Ruhe nicht genießen, denn was das Sitzen im Lager angenehm machte, war einen halben Tag Fußmarsch entfernt. »Was haben die Träger denn den ganzen Tag gemacht?«, fragte jemand. Sollte heißen: Was haben sie getan, während wir die Topografie sorgfältig inspizierten, Pflanzen suchten, die in unseren Gärten wachsen sollten, Pflanzen, die uns Freude machen würden, nicht nur durch ihr schieres Wachsen, sondern auch durch die Begeisterung, sie ebenda wachsen zu sehen und uns daran erinnerten, dass wir sie an ihrem Ursprung gefunden haben, an einem Berghang, in einem kleinen Dorf, an einem versteckten Ort weit draußen irgendwo in der großen, weiten Welt? Ängste hatten wir viele. Irgendwie hatten die Maoisten recht, dachte ich: Das Leben selbst war vollkommen gerecht, die Menschen waren es, die viele Ungerechtigkeiten geschaffen hatten; es waren die gemachten Ungerechtigkeiten, die dazu geführt hatten, dass ich dort war, abhängig von Sherpas, denn ohne diese ursprüngliche Ungerechtigkeit wäre ich nicht in Nepal, und die Träger würden ihre Tage anders verbringen und nichts mit mir zu tun haben. Aber sie hatten auch unrecht, die Gepäckträger sollten gefeuert werden; sie waren keine guten Träger. Sie sollten unseren Forderungen nachkommen, und dazu gehörte, es uns bequem zu machen, wenn wir es bequem wollen. Wir waren sehr an Bequemlichkeit gewöhnt. Wenn es zu Hause (Großbritannien, für Bleddyn und Sue; Amerika, für Dan und mich) ungemütlich wurde, taten wir unser Möglichstes, um uns unangenehme Menschen vom Hals zu schaffen. Wir wünschten, Sunam würde die Träger feuern. Aber er konnte es nicht, auch wenn er es gewollt hätte. Es gab weit und breit keine anderen.

Wir waren hungrig und müde. Es wurde richtig dunkel. Die Sonne verschwand, sie ging nicht nur unter. Wir konnten nicht zusehen, wir konnten nur sehen, wie das Tageslicht abnahm. Von den Trägern weiterhin keine Spur. Sie waren weit weg. Weit unter uns. Die Schnelleren unter ihnen waren nicht einmal in der Nähe der Stelle, an der wir die wohlriechende *Convolvulus* gesehen hatten. Und es gab keinen geeigneten Platz für unser Lager. An diesen Abend werde ich mich mein Leben lang erinnern, denn es war der Abend, an dem nichts rund lief. Wir konnten uns nicht einmal für einen Zeltplatz entscheiden. Ungefähr zu dieser Zeit überquerten einige der Träger das Gebiet mit dem Felssturz, und Sunam beschloss, unser Lager an der einzigen ebenen Stelle zu errichten. Cook hatte in der Nähe einen Bach gefunden, für alle Fälle, die Verfügbarkeit von Wasser war immer ausschlaggebend. Wir hatten drei Viertel eines steilen, felsigen Wegs überwunden, der bewachsen war mit ein wenig *Taxus* und *Sorbus* und, für mich sofort erkennbar, *Berberis* sowie eine Himbeerenart *(Rubus)*. Nun waren wir auf einer Fläche, auf der vor allem Wermut wuchs (eine *Artemisia-Art)*. Was für eine Erleichterung! Aber dann deutete jemand auf einen Blutegel, und dann auf noch einen und noch einen. Bald war klar: Wir werden die Nacht auf einem Blutegelfeld verbringen.

Schon bei den ersten Schritten kam die Blutegel-Attacke. Erst waren es nur ein oder zwei auf dem Boden, dann klebten sie an unseren Beinen. Dann merkten wir, dass sie überall waren, wie Moskitos oder Fliegen oder ein anderes nerviges Insekt. Aber die meisten nervigen Insekten kannten wir. Der Blutegel war uns fremd. Und warum ängstigte er uns so? Er war doch nur ein schlichter Wirbelloser. Aber ein Blutegel ist eine andere Art eines wirbellosen Tieres. Wie der herumwirbelt, wie er sich mit Anlauf Derwisch-artig auf sein Opfer wirft, ist erschreckend. Zu sehen, wie er sich in die Kleidung bohrt, hin zur weichen Haut eines Warmblüters, um zuerst anzudocken, was für den Wirt schmerzlos ist, weil der Egel ein Analgetikum abgibt, ist fürchterlich. Den dünnen, steten Blutstrahl fließen zu sehen ist erschreckend, denn der Blutegel verabreicht mit seinem Biss auch ein Gerinnungsmittel. War es seine geräuschlose Art, die uns erschauern ließ? *Ein Blutegel* – allein das Wort lässt die Stimmung sinken. Als Dan mir das erste Mal von seiner Reise erzählt hatte, hatte er Blutegel als unangenehme Begleiterscheinung wohl erwähnt. Wie auch die Höhenkrankheit und die Entbehrungen des Alltags, die mangelhafte Hygiene-Situation, die Abwesenheit der Menschen, die man liebte. Aber schrecklicher als die Maoisten, als die Zeugnisse des Bürgerkriegs in Kathmandu, als die Soldaten mit ihren Maschinengewehren, hatte ich die Blutegel in Erinnerung. Ich hatte Dans Hinweis auf die Blutegel nicht vergessen, aber auch nicht Dans Zuversicht, dass wir viel Spaß haben würden. In dieser Nacht hoch über dem Arun, auf der gegenüberliegenden Seite des Barun, ins Barun-Tal blickend, hatte ich nur eine Angst: die vor dem Blutegel. Als wir unseren Zeltplatz betraten und ich diese zweieinhalb Zentimeter großen Dinger herumwirbeln, hochschießen und auf uns landen sah, erstarrte ich zur Salzsäule. Ich war wie gelähmt. Ich schrie laut und war gleichzeitig stumm. Und dann tat ich es den anderen gleich, den Sherpas, Trägern und Botanik-Gefährten: Ich ging voran, verzog das Gesicht, lachte, suchte nach den Parasiten, fand sie und hob sie auf und brachte sie um. Die Erinnerung an diese Nacht in einem Feld von Blutegeln blieb haften.

Die Campingkocher wurden angezündet, und Cook begann, Essen zu machen. Es gab keinen Platz für unser Essenszelt, also wurden der Tisch und die Stühle auf eine Plane gestellt. Es gab Tee und Kekse. Wir waren sehr dankbar. Die Nacht brach plötzlich herein, als hätte jemand das Licht gelöscht, weil ihm gerade danach war. Nachdem uns den ganzen Tag über heiß war, war uns plötzlich kalt, und wir brauchten dringend warme Sachen. Aber die Kleider waren weit unten. Sunam war abgestiegen, um die Träger mit unseren Koffern anzutreiben. Ihre Laxheit nervte Dan und Bleddyn nicht nur, weil sie keine trockenen Sachen bekamen, sondern auch, weil sie das Gesammelte vom Tage katalogisieren wollten. Wir saßen im Freien und blickten auf das nächtliche Barun-Tal. Es war wunderschön. Aber die Blutegel kamen immer wieder auf uns zu. Schließlich bildeten wir eine Art Blutegel-Patrouille: Jeder von uns vieren hielt in eine Richtung schauend Wache.

Unser Gepäck war immer noch nicht da, und es wurde viel gerätselt, was die Träger den ganzen Tag über gemacht hatten. Alkohol konnte nicht im Spiel sein, denn es gab keinen *Chang*, das fermentierte Getränk aus Hirse, oder irgendeine andere Art von alkoholischem Getränk in der maoistischen Gegend, soweit wir das überhaupt beurteilen konnten. Ich fühlte mich winzig, wie eine Spielzeugfigurine am Boden einer kleinen Schüssel, die nach oben an den Rand sah und sich fragte, was wohl jenseits der Schüssel war. Die Frau aus dem kleinen Dorf in Vermont hatte ich noch in mir. Ich saß in etwa 1829 Metern Höhe auf einer Lichtung, die wir an einem Hang eines Himalaya-Ausläufers entdeckt hatten. Nur hier, im Himalaya, würde man eine solche Höhe als Vorgebirge bezeichnen. Überall sonst ist diese Höhe ein Berg. Aber dort, wo wir saßen, war unten, denn wohin wir auch sahen ging es nur aufwärts. Der Mond ging auf, voll und leuchtend. Und er war mir wie ein vollkommen neuer Mond. Sein Licht war so rein, als schiene er nur hier so, als schiene er nur für uns so. Er schwebte über dem Weg, majestätisch, sich selbst genügend, und scherte sich nicht um seinen vorgesehenen Platz im Kosmos. Es war eine klare Nacht. Wir saßen auf der Plane, auf den Stühlen, in einem Kreis um den Tisch, in der Mitte zusammengekauert, um die Blutegel deutlicher und besser zu erkennen. Wir sahen nach oben in den Himmel, er war klar und voller Sterne, das Mondlicht leuchtete die Scheitel der höheren Hügel aus, und es *waren* Hügel, verglichen mit den wahren Erhebungen dahinter, die wir von hier aus nicht sehen konnten.

Es muss gegen neun gewesen sein, als wir zu Abend aßen. Ich hätte hungrig sein müssen, aber ich war es nicht. Ich fühlte mich krank, mir war schlecht, ich wollte mich übergeben. Es wurde mir serviert, aber ich konnte nichts essen. Dan meinte, es läge an der Höhe. Wir waren ungefähr auf 1829 Metern. Dan putzte sich die Zähne. Ich nicht. Ich weiß nicht, was Sue und Bleddyn taten. Dan und ich gingen ins Zelt. Er erinnerte mich daran, meine Schuhe und Socken nach Blutegeln abzusuchen, mich selbst nach Blutegeln abzusuchen und die unmittelbare Umgebung meines Schlafsacks nach Blutegeln abzusuchen. Alles sauber. Wir setzten uns und ließen – wie jeden Abend – den Tag Revue passieren. Wir erörterten die Ereignisse des Tages – mit viel Gelächter und Gegacker. Gerade als wir schlafen gehen wollten, zog plötzlich ein Sturm auf. Ich nahm ihn zunächst nicht allzu ernst, aber die Heftigkeit von Donner und Starkregen fühlte sich an wie das Ende der Welt. Wir werden hier nie wieder wegkommen, dachte ich. Wir müssten für immer hierbleiben, in unseren Zelten im Blutegel-Feld, fürchtete ich. Und erinnerte mich an meinen allerersten Gedanken, den ich angesichts des Himalaya hatte: Ist das alles echt? Ist das wirklich? Aber ja. Es ist echt genug. Bleddyn rief uns zu, dass wir unser Zeltfenster überprüfen sollten. Dan und ich machten unsere Taschenlampen an und sahen eine Armee von Blutegeln, die durch das Fenster, einem Quadrat aus Gitternetz zur Belüftung, eindringen wollten. Es war grauenvoll, nicht nur, weil wir so weit weg von allem Vertrauten waren. Während des gesamten Tagesmarschs, bei dem wir bestmöglich den Maoisten, ihren eventuellen Forderungen und Drohungen gegen Leib und Leben auswichen, waren wir in latenter Panik. In Wirklichkeit aber versetzten uns etwa ein Dutzend Blutegel in diesen Zustand. Aber wie erklärte man einem Blutegel, dass wir »Präsident Powell« nicht mochten? Wie sagte man einem Maoisten, dass Powell nicht einmal der Präsident war? Irgendwann waren Maoisten und Blutegel für mich auf einer Stufe. Aber das galt nur für mich. Glücklicherweise hatte ich ein Insektenvertilgungsmittel dabei, gegen Dans Empfehlung, der Insektizide zurecht ablehnte. Aber ich hatte es immer bei mir. Ich fischte es aus meinem Tagesrucksack, der am Fußende meines Schlafsacks lag, und sprühte es wutentbrannt auf die Blutegel-Invasoren. Sie fielen einfach ab, und ich hoffte, dass sie tot waren. Ich konnte nicht schlafen. Ich musste dringend pinkeln, aber wenn ich an die Blutegel dachte, blieb ich doch lieber drin. Aber dann konnte ich nicht einschlafen. So ging ich doch aus dem Zelt, direkt vor den Eingang und pinkelte ausführlich. Damit brach ich ein Tabu: Man darf nicht unmittelbar vors Zelt pissen. Die Reisegefährten sollte man mit seinen Körperfunktionen möglichst verschonen. Im normalen Leben ist es einfach, Körperfunktionen diskret zu behandeln. Wir haben unsere Badezimmer, wo wir eine halbe Stunde ungestört bei Idealtemperatur duschen können. Wir haben Klos, die Verdauungsprodukte ratzfatz entsorgen. Nach dem Pinkeln nahm ich eine Schlaftablette, schlief ein und träumte weder von Maoisten noch von Blutegeln oder anderem. Und dann wurde ich von einem Riesenkrach geweckt; es klang, als ob etwas von einer großen Höhe heruntergedonnert war, wie eine Lawine.

Und es klang ganz nah. Der Morgen konnte nicht früh genug kommen. Wir zogen uns schnell an (ich putzte mir die Zähne nicht), packten, aßen, suchten uns nach Blutegeln ab und brachen auf. Wir wollten diesen Ort so schnell wie möglich vergessen.

Wir blickten nicht zurück. Wir wollten nicht einmal einen solchen Mond wie jenen der letzten Nacht wiedersehen. Es war ohne Zweifel der schönste Mond, den ich jemals gesehen habe, aber dafür eine weitere Nacht im Blutegel-Feld in Kauf zu nehmen, stand außer Frage. Wir nahmen das nächste Steilstück. Oft lichtete sich der Bewuchs durch Ahorn, Eiche, *Sorbus* und Eibe, sodass ich das Gefühl hatte, dem Gipfel schon nah zu sein. Diese Lichtungen boten aber nur eine kurze Verschnaufpause, bevor wir in dichtere Wälder gelangten – mit dunklen, feuchten, rutschigen und gefährlich steilen Wegen. Hier hatte man lieber keinen Unfall! Sich hier zu verknöcheln, wäre überhaupt nicht gut; andererseits, besser als ein Herzinfarkt. Wir kletterten bis auf 2743 Meter und erreichten schließlich eine Lichtung, die einigermaßen plan war. Wir waren am höchsten Punkt des Berggrats. Wie zur Belohnung fand Dan sofort eine Riesenlilie *(Cardiocrinum giganteum),* die fast doppelt so groß war wie der Größte unter uns, also wie Dan. Die Pflanze war voller Samen. Wie glücklich er war – und Bleddyn ebenfalls. Und danach schien es nichts anderes zu geben, nur noch *Cardiocrinum giganteum,* überall. Ich war immer noch tief erschüttert von der vorherigen Nacht: der Mond, die Blutegel, die Muren, die Flucht vor den Maoisten. Wir gingen den bewaldeten Hang hinab. Es ging steiler abwärts als tags davor; die heiße Sonne über dem Kopf, der Himmel wolkenlos und blau, als ob er nie anders gewesen wäre. Wir gingen weiter abwärts auf den Arun zu, durch einen dichten Wald aus Eiche, *Aralia* und *Berberis*. Ich fixierte meine Augen auf den Boden, überlegte jeden Schritt, denn der Boden war feucht. In der Tat schien die Erde nur eine undichte Oberfläche zu sein; ich konnte Wasser tropfen hören, ich spürte, wie meine Füße auf dem glitschigen Boden rutschten. Von Zeit zu Zeit fiel ich hin und ärgerte mich über mich selbst. Aber dann waren wir in der prallen Sonne, der Boden war trocken, und wir gingen durch nichts anderes als rotfruchtige Berberitzen. Aber wir ließen ihre Samen, wo sie waren. Denn sie standen auf der Liste jener, die nicht nach Amerika importiert werden dürfen. Wie immer schien unser Ziel weiter weg, je näher wir dran waren. Wir konnten ein Dorf weit oben auf der anderen Seite des Arun sehen, unser Ziel war aber das übernächste Dorf. Kurz bevor wir einen Nebenfluss des Arun überquerten, in einem Ort namens Sampung, machten wir Mittagsrast. Eine Stunde später überquerten wir den Arun und begannen wieder mit dem Aufstieg. An diesem Tag, der auf die Nacht im Blutegel-Feld folgte, gingen wir neun Stunden lang. Wir hielten zwei oder drei Kilometer vor unserem eigentlichen Ziel, dem Dorf Chyamtang, in Chepuwa an, weil es dunkel wurde. Wir waren so hundemüde und grummelig, aber nicht aufeinander oder auf unsere Begleiter.

Als wir unser Lager auf dem Schulhof in Chepuwa aufschlugen, waren wir sofort von Kindern umgeben, eines von ihnen trug ein T-Shirt, auf dem das Wort *Paris* stand. Das T-Shirt des Jungen bezog sich auf die Stadt, nicht auf die Pflanze. Obwohl die Pflanze *Paris* direkt an diesem Ort, aus dem er stammte, heimisch ist, hat er ihr wahrscheinlich nie Aufmerksamkeit geschenkt, sie wahrscheinlich nicht einmal bemerkt. Zum Abendessen gab's chinesisch. Ich hatte keinen Appetit. Ich ging an diesem Abend um acht ins Bett und rechnete nach, dass wir uns auf 2134 Metern befanden. Wir hatten den Tag auf 1829 Metern begonnen, waren bis auf 2743 Meter gestiegen, gingen dann hinunter auf 915 Meter, und verbrachten nun die Nacht auf einer Höhe von 2134 Metern. Ob ich an der gefürchteten Höhenkrankheit litt, wusste ich nicht. Ich fühlte mich nur müde und einsam. Mein Kopf tat weh, aber nicht mehr als sonst. Am nächsten Morgen, am 13. Oktober, neun Tage nachdem wir Kathmandu verlassen hatten und an jedem dieser Tage mindestens sechzehn Kilometer gegangen waren, gingen wir die 3,2 Kilometer bis Chyamtang und beschlossen, ein paar Tage zu bleiben.

Während der langen Wanderung am Vortag, vom Blutegel-Feld bis zu unserem Zeltplatz in Chepuwa, hatte ich das Gefühl, dass jeder Schritt ans Eingemachte ging. Aber während ich neun Stunden in innerer Einkehr verbrachte, dachte ich darüber nach, ob ich diese Pflanze (*Paris* etwa), die mir irgendwie bekannt vorkam, so bekannt, dass ich sie nicht zu benennen wagte, setzen konnte, merkte aber, dass ich es nicht konnte, weil mein Interesse vollkommen erloschen war. Während ich neun Stunden lang als Gärtnerin im Geiste verbracht hatte, entnahmen Dan, Bleddyn und Sue Samen. Sie hatten

Samen von neununddreißig verschiedenen Pflanzen gesammelt und katalogisiert, darunter: *Anemone vitifolia, Rubus lineatus, Cautleya spicata, Paris polyphylla, Schefflera* sp., *Disporum cantoniense, Arisaema tortuosum, Tricyrtis maculata, Philadelphus tomentosus, Hydrangea anomala, Crawfordia speciosum, Viburnum grandiflorum, Aralia* und viele Farne.

Als wir Chyamtang erreichten, packten wir alles aus und lüfteten unsere Kleider und Schlafsachen. Es war ein strahlender Tag, heiß und grell. Dan meinte, dass wir großes Glück hätten. Anscheinend hätte es regnen und kalt sein können. Ich war dankbar für all das und auch dankbar dafür, dass ich den Tag liegend und lesend verbringen konnte und auf keinen Fall wandernd. Sue und ich schütteten einander das Herz aus über die Mühsal der ganzen Unternehmung. Sue hatte sich erkältet. Ich spürte mich überhaupt nicht mehr, aber das war nichts Neues, ich genoss diesen Zustand eigentlich. Hätte ich das Gespür für mich selbst tatsächlich verloren, hätte ich mir dessen ja nicht bewusst sein können.

Wie auch immer – dieser Tag war höchst willkommen. Eine Pause. Sue und ich konnten es kaum glauben. Selbstverständlich gingen Dan und Bleddyn auf Samenjagd, und sie erwarteten, dass Sue und ich die Samenkollektion vom Vortag reinigten. Sue tat ihr Bestes, ich tat überhaupt nichts. Der Tag verging.

Chyamtang liegt im Norden Nepals, nicht weit von der tibetischen Grenze. Ein großes Dorf mit vielen Leuten, die kamen und gingen. Mit »vielen Leuten« meine ich vielleicht zwölf, aber wir hatten so wenige Menschen in den letzten Tagen gesehen, dass uns fünf schon als eine Menge erschienen. Sie gingen durch das Dorf, sie starrten Sue und mich an, und dann gingen sie weiter. Irgendwann nahmen wir Zuflucht in unseren Zelten, sie in das, das sie mit Bleddyn teilte, ich in das, das ich mit Dan teilte. Eine Gruppe von Kindern kam mittags vorbei und starrte uns an, während wir aßen. Wir fühlten uns unwohl und zogen uns in die Zelte zurück. Während wir drinnen waren, versammelte sich eine große Gruppe von Menschen draußen, und jemand öffnete die Klappe des Zelts, um uns den anderen Leuten zu zeigen. Wir riefen Sunam zu Hilfe, der sie schroff wegwies. Aber nichts konnte meinen Ruhetag wirklich stören. Ich las mein Buch von Frank Smythe über seinen gescheiterten Versuch von 1930, den Kangchendzönga zu besteigen. Drei Wochen zuvor hätte ich kein Interesse oder Verständnis gehabt für einen Bericht über eine Bergbesteigung. Ich wusste von diesem Autor durch seine Artikel als Pflanzenjäger. Ich hatte keine Ahnung, dass der Bergsteiger und der Pflanzensammler ein- und dieselbe Person waren. Viel später erfuhr ich, dass er Pflanzensammler wurde, weil es ihn auf die Berge brachte. Sein berühmtestes Buch über das Sammeln von Pflanzen, *The Valley of Flowers*, berichtet von vielen kleinen Exkursionen und Besteigungen von Bergen, die für Himalaya-Verhältnisse unbedeutend sind, aber im Rest der Welt als echter Gipfelsieg gelten mögen. Es wurde deutlich, dass bei seinen Besteigungs-Versuchen des Everest und des Kangchendzönga sich ihm die Schönheit des Himalaya-Frühlings in solcher Pracht zeigte, dass er sich entweder fürs Gärtner-Dasein oder zum

Bergsteigen entscheiden musste – oder als Synthese – die Berge als hortikulturelle Erweiterung sehen sollte.

Am 13. Oktober, unserem freien Tag, lag ich alleine in meinem Zelt und las. Sue, erkältet, stand pflichtbewusst auf und säuberte die Samen, die Bleddyn und Dan gesammelt hatten. Mir war das ziemlich egal, da keiner je in meinem Garten aufgehen würde. Dan war in Richtung eines Dorfes in nördlicher Richtung gegangen, ein Dorf namens Ritak, das an Tibet grenzte, und vor dem uns Sunam warnte. Dan ging trotzdem und versprach vorsichtig zu sein und Tibet nicht zu betreten. Bleddyn ging zurück nach Chepuwa. Auf dieser Seite von Chepuwa hatten er und Dan eine Schlucht gesehen, die in ein dichtes Waldgebiet führte, von dem sie sich reiche Samenbeute versprachen. Am Abend davor waren sie während des Abendessens hin und her gegangen und hatten überlegt, was zu tun wäre, ob sie beide zurückgehen oder ob sie beide nach Ritak gehen sollten. Dan wollte nach Ritak und tat es dann auch. Bleddyn ging zurück nach Chepuwa und sammelte in der Schlucht über dem Ort. Dan ging nach Chyamtang, überquerte den Arun, ging etwa eineinhalb Kilometer an seinem Ufer entlang und überquerte ihn dann wieder auf einer Brücke aus Bambus. An dieser Stelle ist der Arun näher an seiner Quelle als dort, wo wir ihn zum ersten Mal in Tumlingtar gesehen hatten. In der Nähe von Tumlingtar ist er breit und majestätisch, ruhig und gemächlich, er fließt verträumt dahin, so dass man Lust aufs Schwimmen bekommt. Er lässt allerlei romantische Gedanken aufkommen, die man halt so angesichts von ruhigem und stetig fließendem Wasser hat.

Aber weiter oben, in Quell-Nähe, ist er wild, brausend, als ob er versucht, einen Damm zu durchbrechen. Ich habe ein solches Wasser noch nie gesehen, so klar, so durchscheinend, aber dicht wie eine Wolke. Man meinte, bis zum Grund blicken zu können, konnte man aber nicht. In seiner fließenden Raserei riss er alles mit sich, was ihm im Weg stand. Diese Kraft zu spüren, gehört zu meinen intensivsten Erlebnissen. Alle anderen intensiven ereigneten sich unweit davon. Dan überquerte die Bambusbrücke und ging hinauf nach Ritak.

Der Aufstieg nach Ritak war laut Dan steil. Als er im Dorf ankam, wurde er für einen Arzt gehalten. Man bat ihn zu einem Patienten, um den er sich kümmern sollte. Dan konnte sehen, dass dieser dem Tod nah war. Er wusste nicht, was der Mann hatte. Es war wohl eine Art Krebs. Jedenfalls überließ er ihm ein paar Schmerztabletten und versuchte klarzumachen, dass er kein Arzt war. Als er am Ende des Tages nach Chyamtang zurückkehrte und erneut den Fluss über der Bambusbrücke überqueren wollte, folgten ihm unbemerkt ein paar Jungen. Plötzlich, als er in der Mitte der Brücke war – jener Teil der Brückenquerung, an dem man sich am wenigsten sicher fühlt –, begann die Brücke zu zittern und zu schwanken. Dan erschrak natürlich und wusste nicht, ob er vor- oder zurücklaufen sollte. Aber dann hörte er Lachen, sah sich um und sah, wie diese Jungen auf der Ritak-Seite der Brücke auf- und abhüpften. Er kam gegen halb drei im Camp an und sah erschöpft aus. Er hatte gerade gesehen, wie ein Mann starb, und für einen Moment, auf dieser

Bambusbrücke über einen Nebenfluss des Arun

Brücke, dachte er, er würde auch sterben. Kurz danach kehrte auch Bleddyn zurück – mit einer Fülle von Samen, mehr, als Dan in Ritak gefunden hatte, aber ohne Begegnungen mit anderen Menschen. Wir gingen alle zu dem kleinen Bach, der nur ein paar hundert Meter entfernt war, wuschen uns und unsere Kleider, und es wurde ein weiterer Ruhetag beschlossen. Es gab wohl einige Täler und Grate über uns, die die Pflanzensammler erkunden wollten.

Das Abendessen an diesem Abend war wunderbar, obwohl es das gleiche Essen war wie an den Abenden zuvor: Suppe, Kartoffeln, Reis und Dal oder Nudeln, mal das eine, mal das andere, und manchmal alles gleichzeitig. Es schien, als ob alle Menschen der Gegend zu unserem Camp gekommen wären und nun dasaßen und uns anschauten, als wären wir ein lebendiges Kino. Sie beobachteten uns beim Essen und Reden. Manchmal starrten sie mich an und sagten zu Sunam etwas über mich, aber wenn ich ihn danach fragte, verstand er plötzlich die lokale Sprache nicht. Eine Frau gab mir zu verstehen, dass sie dachte, ich trüge eine Maske, dass mein Gesicht nicht mein echtes Gesicht wäre. Ich entdeckte an ihr eine starke physische Ähnlichkeit mit meiner eigenen Mutter, die damals seit drei Jahren tot war. Wir sahen ein schönes Mädchen, das elf Jahre alt sein mochte, vielleicht auch dreizehn. Sie war gerade von der Arbeit auf einem Feld etwa 600 Meter über uns zurückgekommen. Das wussten wir, weil sie eine schöne blaue Primel im Haar trug. Dan und Bleddyn versuchten, sie botanisch zu bestimmen. Es war eine Primel, die im Herbst blühte, sodass sie wahrscheinlich keinen Samen abwarf.

Als ich endlich in meinem Schlafsack lag, schlief ich zum ersten Mal in einer Woche ein, ohne mir Sorgen zu machen, dass ich aus dem Schlafsack und dem Zelt rutschen und einen Vorsprung hinunterfallen könnte, denn es war das erste Mal, seit wir Num verlassen hatten, dass wir auf ebenem Boden campten – ohne uns über Blutegel oder Maoisten Gedanken machen zu müssen. Es erstaunte mich immer wieder, wie uneben die Landschaft war. Eine Distanz von 200 Metern bedeutete ein Auf und Ab, und obwohl Dan, vor allem Dan, und Bleddyn es mit dem sehr unebenen Gelände sehr gut aufnahmen, war es für Sue und mich ziemlich beschwerlich. Ich motzte vor mich hin und schimpfte mit dem Boden, aber sogar da wusste ich, dass ich gerade die allerschönste Zeit meines Lebens erlebte, dass ich nichts davon je vergessen würde, dass ich mich nach jedem Zentimeter Boden sehnen und ihn wiedersehen wollte. Gegen ein Uhr nachts ging ich aus dem Zelt, um zu pinkeln. Der Himmel war schwarz und voller Sterne. Alle schliefen, alles war ruhig, wieder einmal war ich überrascht, wie weit weg ich von allem war, von allem, das mir wirklich vertraut war, aber ich sehnte mich nach nichts; ich fühlte mich ziemlich verloren, aber es keimte noch ein Gefühl, ein Glücksgefühl.

Ein dritter Ruhetag wurde proklamiert. Und Exkursionen in nahe Täler angesetzt. Von Ritak aus hatte Dan einen bewaldeten Bergkamm oberhalb von Chyamtang gesehen, und er vermutete, dass wir dort Pflanzen fänden, die sogar ich brauchen konnte. Bleddyn und Dan waren uneins über den richtigen Weg dorthin. Dan lehnte Bleddyns Route ab, weil er keine Höhen und keine schmalen Felsvorsprünge mochte. Hätte man ihm gesagt, dass reife Früchte der ungewöhnlichsten Primel oder Pfingstrose am Ende der schmalsten Kante zu finden wären, hätte er seine Abneigung gegen hohe, schmale Felsvorsprünge sofort aufgegeben. Von Ritak aus hatte er sehen können, dass der Felsvorsprung endete und ins Nichts fiel, nur Luft, kein Weg nach oben. Sunam begann sich zu umzuhören und fand jemanden, der behauptete, einen Weg zu kennen, der von dem Felsvorsprung in die darüberliegenden Wälder führte. Wir aßen zu Mittag, und gemeinsam mit dem Mann, der uns führen sollte, gingen Dan, Bleddyn und ich zu dem Felsvorsprung, der eine Stunde zu Fuß von unserem Camp entfernt lag. Ich konnte bald sehen, warum Dan Einwände gehabt hatte. Es war ein schmaler Pfad, kaum breit genug für eine Person, Überholen und Gegenverkehr ausgeschlossen. Während ich ihn entlangging, klammerte ich mich an die Granitwände des Berges und bemühte mich, nicht nach unten zu schauen auf das schiere Nichts auf der anderen Seite. Der Felsvorsprung gewährte nur wenige Meter Sicht, einmal hatte man eine Wand vor Augen, dann wieder fiel der Blick in ungeheure Tiefe. Trotzdem war er voller Samen-tragender Pflanzen, von denen keine robust genug für mich war, die meisten waren ein Rätsel, und die allermeisten kannte ich nicht. Aber gemütlich sammeln konnte man hier nicht, und so kehrten Dan und ich zurück zum Camp, nahmen Thile Sherpa mit und brachen in die gleichen Wälder oberhalb von Chyamtang auf, aber aus anderer Richtung. An diesem Tag stiegen wir auf 3048 Meter, die höchste Höhe bisher. Wir überquerten weitläufige, sonnige Wiesen, gingen durch schattig-feuchte Abschnitte; wir stiegen auf und ab, aber meistens auf. Als wir einmal aus einem Waldgebiet hinaustraten, richtete ich den Blick zurück und sah in nicht allzu großer Entfernung eine strahlend weiße Pyramide scheinbar über den grün bewachsenen Berggipfeln schweben, die sie umgaben. Kangchendzönga, wurde mir gesagt, sei der dritthöchste Berg der Welt, und er war weniger als zweiunddreißig Kilometer entfernt. Jede Nacht, bevor ich in meinem Zelt einschlief, las ich Frank Smythes wundervollen Bericht über den gescheiterten Versuch, diesen Berg im Jahr 1930 zu besteigen, und durch den Nervenkitzel beim Lesen freundete ich mich mit Menschen und Gelände, mit denen auf den Buchseiten und auch außerhalb der Buchdeckel, an. Diesen Berg jetzt zu sehen, von dessen Existenz ich, bevor ich nach Nepal kam, keine Ahnung hatte, ihn so nahe vor mir zu haben – er sah aus, als hätte ihn jemand gerade vor einer Minute dort hingestellt –, ließ mich vor Ehrfurcht erschauern. Ich bat Dan, ein Foto von mir mit ihm im Hintergrund zu machen. Als wir wieder losgingen, schaute ich immer wieder zu ihm zurück, als hätte ich Angst, ihn nie wieder zu sehen. Und ich habe ihn nicht wiedergesehen, denn als wir wieder herunterkamen, war er hinter einer großen Wolkenmasse verborgen, und das sollte so bleiben. An den Ufern vieler Bäche standen Blüten, Primeln wie jene im Haar des Mädchens. Aber wir fanden keine Samen. Dort, oberhalb von Chyamtang, machten Dan und Bleddyn fette Beute. Sie fanden Samen von: *Vaccinium, Anemone,* eine weitere Primel-Art, *Thalictrum, Smilacina, Begonie oalmatumeuonymus, Codonopsis, Clematis* (und *Montana*), *Cardiocrinum, Gaultheria, Arisaema, Clerodendron* (an vielen Stellen dominierte die rote Frucht), *Hypericum, Delphinium stapeliosmum, Rhododendron arboreum, Ophiopogon intermedius, Ligularia fisheri, Strobilanthes* sp., *Begonia* sp., *Jasminum humile, Sarcococca hookeriana, Pleurospermum* sp., *Cotoneaster microphylus, Gaultheria fragrantissima, Clematis* sp., *Holboellia latifolia, Meconopsis nepaulensis, Aconitum tuberosum, Rodgersia nepaulensis, Aralia cachemirica, Sorbus cuspidata, Roscoea auriculata, Hydrangea* sp., *Polygonatum cirrhifolium, Zanthoxylum nepalense, Hedychium* sp., *Lyonia* sp. und vielen anderen Pflanzen, aber ich war nicht übermäßig begeistert, weil fast nichts davon in meinem Garten gedeihen würde, wie Dan spöttisch anmerkte.

Zurück im Camp konnte ich Kangchendzönga nicht sehen, aber ich erfreute mich an der neuen Ansicht des Pfads, den ich vom Hinweg kannte. Auf meiner Reise gab es nur ein stetiges Vorwärts, selten nahmen wir denselben Weg zurück. Oft steht in Frank Smythes *The Kanchenjunga Adventure* zu lesen, dass er von einem Camp zum nächsten zieht. Ich kann nun nachempfinden, wie tröstlich dieses an einem fremden Ort sein kann. Es kommt mir natürlich vor, dass man jeden Ort, an dem man sich länger als einen Tag aufhält, anfängt, als Zuhause zu betrachten. Dan und ich sind mehr als doppelt so schnell abgestiegen, als wir aufgestiegen sind, wir genossen den Weg, wie er sich durch den Wald schlängelte, eine Graslandschaft auf abschüssigen Hügeln, ein Wasserfall, der zum großen Arun hinstrebte. Wie glücklich wir waren, als wir

Die Autorin vor den Gipfeln des Kangchendzönga

unserer Zelte dort in der Mitte des Dorfes ansichtig wurden, die einzige ebene Stelle kilometerweit, die einzige ebene Stelle bis zum nächsten kilometerweit entfernten Dorf. Cook hatte ein spezielles Abendessen aus Reis mit einem besonderen Dal zubereitet. Es gab sogar Kuchen, aber ich konnte nichts essen. Ich fühlte mich krank, ging sofort ins Bett und war gegen acht eingeschlafen. Bis spät in die Nacht sangen und saßen Sunam, Mingma und Thile und die Träger zusammen, berichtete Dan. Ich wachte um zwei Uhr morgens auf, es war still, und ich kroch für mein nächtliches Pinkeln aus dem Zelt. Alles schien wie weichgezeichnet im blaugrauen Mondlicht, der Mond nicht mehr ganz voll; wie durchsichtig die Landschaft wirkte, als könnte ich einfach durch die Hügel und die Bäume laufen, als könnte ich durch sie hindurchlaufen, als würden sie nachgeben.

Am Morgen packten wir zusammen. Wir fühlten uns erfrischt. Und starteten aufs Neue. Wir verabschiedeten uns von Chyamtang, und es fühlte sich an wie ein Befreiungsschlag. Wir gingen weiter. Einer unserer Träger, ein vierzehnjähriger Junge namens Jhaba Lama, kam aus diesem Dorf. Es war ein Zufall; als Sunam in Tumlingtar nach Trägern suchte, wollte Jhaba einfach nur nach Hause zurück, er suchte eigentlich keine Arbeit, bekam aber diesen Job, der ihn nach Hause brachte. Der Teil unserer Nepal-Route war kein normaler Wanderweg. Trekkingpfade führen meist zu einem Basislager von einem der hohen Gipfel oder um eines der Naturschutzgebiete herum, die sich an einem der hohen Gipfel befanden. Was für ein Glück also für Jhaba, dass unser Weg zu den Blumen durch sein Dorf führte. Er war erst vierzehn, genauso alt wie mein Sohn – und vielleicht, weil ich Harold so vermisste, schenkte ich ihm besondere Aufmerksamkeit. Wenn ich Sunam sagte, wie sehr mich die Gegenwart dieses Jungen berührte, der gleich alt war wie mein Sohn und eine Last von siebenundzwanzig Kilogramm auf dem Rücken trug, sagte er, dass das selbstverständlich wäre, denn Jhaba wäre immerhin ein Sherpa. Er sah aus wie ein Tibeter. Eines Tages, als Jhaba meine Taschen getragen hatte, gab ich ihm aus heiterem Himmel einen 1.000-Rupien-Schein und sagte, er solle es seinen Kollegen nicht sagen. Als wir in Chyamtang ankamen, ging er schnurstracks zu seiner Familie. An diesem Nachmittag kam seine Mutter, um das Camp zu sehen. Sie brachte uns Eier und Gemüse aus ihrem Garten. Sie war eine sehr schöne Frau mit den gleichen warmen braunen Augen wie Jhabas, sie war klein und elegant. Sunam, der dieses Mal ihren Dialekt verstehen konnte, übersetzte, dass sie sich bei uns bedankte, dass wir so nett zu ihrem Sohn waren. Unsere Abreise aus Chyamtang führte uns an Jhabas Haus vorbei, und er wollte, dass wir seinen Vater, einen Lama, kennen lernten. Es wurde deutlich, dass die Familie eine gehobene Stellung genoss, denn ihr Haus war größer als die anderen, und machte eine wohlhabenden Eindruck. Der Vater trug eine lange orangene Seidenrobe und machte den Eindruck eines Menschen, der die meiste Zeit des Tages damit zubrachte, zu lesen und über die wesentlichen Dinge nachzudenken. Er und Jhabas Mutter begrüßten uns mit der richtigen Mischung aus Wärme und Distanz. Wir wären ihnen gerne früher begegnet und hätten sie gerne öfter getroffen, aber sie vermittelten uns, dass dieses eine Mal genug war. Ich lobte ihren Sohn, und laut Sunams Übersetzung teilten sie das Lob, setzten aber hinzu, dass ihr Sohn nicht gerne lernte. Wir verabschiedeten uns und machten uns auf den Weg nach unten, um schließlich den Arun ein letztes Mal zu überqueren. In Chyamtang waren wir auf 2213 Metern Höhe. Als wir das Dorf an diesem Morgen um halb acht verließen, hatte es fünfundzwanzig Grad. Wir überquerten den Arun ein letztes Mal auf einer Höhe von 1713 Metern. Es war der höchste Punkt, an den wir diesen Fluss überquert haben.

ZWEI TAGE IN THUDAM

Diese drei Tage Pause hatten unsere Batterien aufgeladen. Dan und Bleddyn hatten eine Menge Samen gesammelt und waren beim Sammeln höchst konsequent geblieben: Was sie gesammelt hatten, hatte das Potenzial zum echten Gartenschatz. Bleddyn und Sue, Gärtner und Gartenbau-Profis in der gemäßigten Klimazone in einem wohlhabenden Teil der Welt, in Wales, waren engagierter beim Sammeln als Dan und ich. Aber auch zwischen Dan und mir gab es unterschiedliche Nuancen der Zufriedenheit. Als Gartenbau-Experte hat Dan Kunden in verschiedenen klimatischen Situationen. Die Samensammlung vom Vortag wäre für einige seiner Kunden geeignet. Er sammelt oft in Chile und Guatemala, aber wenn ich diese Pflanzen in seinem Katalog sehe, blättere ich einfach weiter. Ich weiß, dass was in Guatemala oder Chile wächst, in Vermont nur in einem Topf eine Chance hat. So war es mit fast allem, das wir oberhalb von Chyamtang gesammelt hatten. Ich könnte diese Pflanzen in einem Topf oder als einjährige Pflanzen setzen, wie etwa *Begonia, Strobilanthes* und *Osbeckia*. Aber nun waren wir auf dem Weg, Samen zu finden, die ich mit Sicherheit in meinem Garten ziehen könnte. Manchmal begegneten wir Männern, die uns einfach ignorierten. Sie schienen vollkommen in ihrem Tun gefangen, und da spielten wir nun einmal überhaupt keine

Rolle. Wir überquerten die schwankende Brücke. Etwa 800 Meter entfernt war die Bambusbrücke, an der Dan seine schreckliche Erfahrung gemacht hatte, und er brachte uns hin. Wir fotografierten die Stelle, an der Dan von den Schlingeln so furchtbar auf den Arm genommen worden war. Anschließend begannen wir hochzusteigen, denn unsere Pflanzenleidenschaft führte uns dorthin, zu den Schönheiten, die wohl im Himalaya zu Hause sind, aber aber sich auch in Vermont und ähnlichen Klimazonen wohlfühlen könnten. Je höher wir kamen, desto heißer wurde es. Wie froh ich war, als wir an einen Ort kamen, an dem die mir vertrauten Heidebäume, die beiden *Ficus*-Arten (*Ficus benghalensis* und *Ficus religiosa*), wuchsen. Sue und ich ruhten uns aus. Dan und Bleddyn machten eine etwa viertelstündige Pause; sie waren uns, wie immer, um einiges voraus. Etwa fünf Kilometer von Chyamtang entfernt aßen wir zu Mittag, aber es hätte genauso gut zehntausendmal so weit weg sein können, so weit weg schien die letzte Nacht. Das fortwährende Getöse war weg, die Sicht auf den Arun ebenfalls. Und die Berge oder Hügel, oder wie auch immer man sie nennen soll, waren nicht mehr weit weg. Wir waren schon mitten drin. Die Landschaft nahm uns auf. Als wir unsere Wanderung vor so vielen Tagen begonnen hatten, wies mir Sunam die schneebedeckten Berge in der Ferne, die unsere Sicht auf das Ziel verstellt hatten. Nun lagen sie hinter mir. Sollte ich mich bis dahin nicht gefragt haben, ob ich nur noch auf Felsvorsprüngen unterwegs war, so stellte sich die Frage spätestens jetzt. Wir gingen die Ränder einiger scheinbar sanft abfallenden Steilwände entlang, aber jeder Fehltritt hätte uns in weit abstürzen lassen. Wir wanderten unter freiem Himmel, in dichten Bambus- und Ahornwäldern. Die ganze Zeit über sammelten wir *Thalictrum*, *Lilium*, Springkraut-Arten, eine *Roscoea*-Art , *Clematis connata*, *Deutzia* und *Dicentra* (gelb blühend). Die bewaldeten Stellen waren für mich die schönsten, denn dort konnte ich mir meinen Garten wieder vorstellen. Hier gingen wir plötzlich auf einem Teppich aus *Magnolia campbellii*-Laub, und wenn ich nach oben schaute, sah ich den ganzen Baum und ich hatte es sofort auf die Früchte abgesehen. Wir fanden viele auf dem Boden, aber die meisten Samen waren verfault. Aber hier wuchs auch *Paris*, und Dan und Bleddyn hatten eine Art mit bunten Blättern gefunden. Das war ihnen neu und sorgte für Begeisterung. Aber sie konnten keine Pflanze mit reifen Samen finden, die sich zu sammeln lohnten. So fingen wir alle wie in einem Rausch an, weitere *Paris*-Pflanzen, aber mit Samen, zu suchen. Wir fanden keine. Zu den mühevollsten Dingen während der ganzen Zeit gehört vielleicht, dass ich nur Pflanzen identifizieren konnte, die ich schon kannte – und dann wiederum, wenn ich eine entdeckte, die ich schon gut kannte, sie aber an einem Ort war, an dem ich sie nicht vermutete, erschien sie mir rätselhaft und fremd. Während ich mich also an der Suche nach der neuen, buntblättrigen *Paris* beteiligte, schienen mir alle Fundstücke mysteriös. Die Früchte der Magnolienart *Magnolia campbellii* kenne ich eigentlich gut, weil sie den Früchten anderer Magnolien ähneln, aber ich konnte sie überhaupt nicht zuordnen. Ich erinnere mich, wie mein Gehirn verzweifelt versuchte, sich einen Reim darauf zu machen, sich abmühte, ein ähnliches schon gespeichertes Bild zu finden, damit die matschigen, verrottenden, gurkenähnlichen Hülsen, die um mich herum über den Boden verteilt lagen, eingeordnet werden konnten. Verzweifelt, resigniert und unsicher fragte ich Dan: »Was ist das?«, und zeigte auf die begehrte bunte *Paris* mit einer Handvoll Früchten.

Dan und Bleddyn, zu diesem Zeitpunkt zwei der erfahrensten Pflanzensammler der Welt, waren außer sich. Die Tage zuvor – das Rauf und Runter, Maoisten treffen, Maoisten besänftigen, Maoisten aus dem Weg gehen, ein paar Tage in der Hochgebirgshitze ausruhen – waren eine wahre Nervenprobe. Sie wollten nur im Wald sein mit einem unendlichen Angebot Garten-relevanter Pflanzen. Sie waren auf Pflanzensamen aus, die für Gärten wie den meinen geeignet waren, für eine Gärtnerin, die die Welt erfahren und respektvoll mit ihr umgehen wollte. Ich habe einen Garten in einem Teil der Welt angelegt, wo die Flora schon faszinierend und voller Wunder ist. Ich muss nur in dem Reisebuch von William Bartram auf eine bestimmte Seite blättern und finde dort eine beliebige Anzahl von Pflanzen (Sommerheide, Fransenbaum, Tulpenbaum), die mein Herz höherschlagen lassen. Und was sich sowohl physisch als auch seelisch immer einstellt, wenn ich durch den Garten streife, sind Lust und Neugier. Die logische Konsequenz: die bestehenden Grenzen des Gartenplanens, -bauens, -pflegens zu überschreiten, seine Regeln und Einschränkungen zu überprüfen und zu erweitern. Die Geschichte des Gartens im Narrativ des Gärtners ist eine Hommage an seine Neugier sowie das Protokoll einer Grenzüberschreitung, verfasst von demjenigen, der die Grenze überschritten hat.

Sue und ich konnten nie mit Dan und Bleddyn Schritt halten, sie waren uns meist um etwa eineinhalb Kilometer voraus, auf der Suche nach was auch immer Samen tragen könnte. Aber diese Gegend hier fanden sie so inspirierend, dass sie ihr Tempo drosselten. Sie fanden *Paris* in ihrer bekannten Form und dann, womit nicht zu rechnen war, in einer ihnen vollkommen unbekannten Variante, einer mit bunten Blättern. Die Blätter der *Paris* sind normalerweise grün, aber die eine, die sie gefunden hatten, hatte weiße Streifen, und mit ihren routinierten Augen erkannten sie sofort, dass diese Pflanze nicht fehlerhaft war, sondern dass es sich um eine Mutation handelte. Das Adrenalin stieg. Und es stieg weiter. Sie riefen Sue und mir zu, dass es hier eine gescheckte *Paris* gab, und wenn wir eine mit gutem Samen fänden, würde eine Belohnung winken. Die ganze Zeit über war ich so erstaunt darüber, dass ich überhaupt hier war. Mir wurde schlagartig bewusst, wie wenig ich eigentlich von der Welt, in der ich lebte, wusste. Ich war im Wald, aber alle Bäume sahen gleich aus, und keiner kam mir bekannt vor, obwohl einige in meinem eigenen Garten in Vermont wuchsen. Ich taumelte verwirrt von Angst, Unsicherheit und Unwissen, als ich plötzlich so klar wie einen soeben gelernten Buchstaben des Alphabets die heiß ersehnte gescheckte *Paris* sah.

Mein stetiger Ausruf: »Was ist das?«, diese kindlich-unschuldige Frage gerann mit der Zeit zum Gejammer. »Was ist das?«, tönte es aus meinem Mund, und ich spürte deutlich, wie meine Gefährten Dan, Bleddyn, Sue zurück wichen. Denn meine Stimme vermittelte nicht mehr natürliche Neugier, sondern Frustration, Langeweile, Müdigkeit und Vorwurf. Aber dieses Mal, dort im Wald, unter einem Baldachin aus *Magnolia campbellii* und Eichen und Ahorn, mit der ersehnten *Paris*, die sich irgendwo versteckte, sprangen sowohl Bleddyn als auch Dan auf und eilten an die Stelle, auf die ich meinen Wanderstab richtete, den ich so viele Tage zuvor in Kathmandu gekauft hatte. Dan war Erster, identifizierte die Pflanze als die heiß begehrte *Paris* mit geflecktem Laub und reichem Angebot schwarzer Samen, die aus einem leuchtend roten Bett hervorlugten. Er pflückte sie und verstaute sie in einer Plastikhülle, wie die, in die ich das Pausenbrot meines Sohnes packe. Sie fanden weitere *Paris*-Pflanzen, und fragten sich, ob sie tatsächlich etwas Neues vor sich hatten. Sie wollten es glauben, aber zweifelten. Letztlich überwog das Glück, dass diese *Paris* neu für sie war.

Wir setzten unseren Weg fort. Ich entdeckte unter anderem eine *Lilium nepalense* mit Samen. Weiter ging's, und gegen vier kamen wir an unsere Lagerstätte. Irgendwie war es Sunam gelungen, eine Lichtung mit einem verlassenen Gebäude aus Stein und Holz sowie einem nahen Flüsschen zu finden. Unser Koch schien zufrieden, aber woher wusste man, ob es hier wirklich gut war? Unser Campingplatz hatte eine erschreckende Ähnlichkeit zum Blutegel-Feld von unlängst, aber wir waren nun höher, und es war auch zu kalt für die Egel, worüber ich entzückt war. An diesem Abend gab mir Sunam mein Satellitentelefon zurück. Ich rief meinen Sohn an. Jetzt, da ich dies niederschreibe, stellt sich die Frage, wie unsere Unterhaltung empfunden wurde. Unwirklich? Erratisch? So erschien sie mir damals. Ich verkneife mir die Frage.

Wir befanden uns unter freiem Himmel. Er schien gewölbt, kuppelartig, begrenzt von einem nahen Horizont. Ich hatte keinen Appetit und brachte nichts runter. Ich ging gegen sieben zu Bett und versuchte, meinen Frank Smythe zu lesen, aber es ging nicht. Ich schlief ein und wachte auf, weil ich träumte, dass ich aus meinem Zelt in einen langen Abgrund glitt. Dieser Traum war nahe an der Wirklichkeit, denn ich wurde um Mitternacht wach und merkte, dass ich mit den Füßen voraus aus dem Zelt rutschte. Wir campten wie üblich auf abschüssigem Boden, und je höher wir stiegen, desto abschüssiger wurde es.

Die Morgenstunden waren wirklich kalt; die jetzt schon viel näheren und höheren Gipfel waren mit frischem Schnee bedeckt. Als wir gegen sieben zum Aufbruch bereit waren, hatte es sich schon über achtzehn Grad. Wir verließen das Lager mit einem Gefühl, als wäre alles neu, als hätten wir gerade erst mit der Pflanzensuche angefangen, mit der Suche nach den Objekten unserer Begierde, die wir in den zahlreichen Gärten unserer Fantasie wachsen lassen konnten. An jenem Morgen sangen die Träger. Sie schienen fast die ganze Nacht über wach geblieben zu sein und gesungen zu haben. Wir wollten von Sunam wissen, ob sie sangen, weil sie glücklich waren, aber wir ahnten, dass er Ja sagen würde, und wir dieselbe Antwort auch auf die gegenteilige Frage bekommen hätten. Wir kannten ihn schon so gut, immerhin waren wir seit zehn Tagen mit ihm unterwegs.

Dan sprach dauernd davon, dass wir an diesem Tag den Weg nach Thudam in Angriff nehmen würden. Er redete ohne Unterlass von Thudam, und da ich nichts weiter über unsere anderen Ziele wusste, überhöhte ich das Dorf oder die Stadt Thudam in Mythisch-Magische. Dan konnte es kaum erwarten, nach Thudam zu kommen. Ich wusste von Thudam durch das Buch *A Plantsman in Nepal*, geschrieben vom großen Pflanzenexperten Roy Lancaster. Dieses und ein ähnliches Buch, das er über das Pflanzensammeln in China geschrieben hatte, gehören zum modernen Kanon. Jeder interessierte Amateur wird sich an Lancasters Begeisterung für sein Fach inspirieren. Sein Name ist vielen Pflanzenkundlern geläufig.

Bleddyn war sehr enttäuscht, dass wir nicht weiter ins Barun-Tal vordrangen. Denn Lancaster hatte dort etwas Wunderbares und Seltenes gefunden, was nur dort wächst. Und niemand hatte seit Lancaster die Gegend erforscht.

Das Singen der Träger und Dans Thudam-Begeisterung ließen die Vorstellung von Thudam als regionalem Hotspot entstehen. Die steckte nun in unseren Köpfen. Es war nicht Lancasters Schuld – ich konnte mich nicht mehr erinnern, was er genau über Thudam zu sagen hatte – jedenfalls erwarteten wir von Thudam einen einzigartigen Einblick in das hiesige Leben. Von dort führte eine Straße direkt nach Tibet, und die Tibeter kamen in die Stadt, um Geschäfte zu machen. Wir hofften, dass wir an einem Markttag ankommen würden. Nach Thudam also, lautete das Motto. Den ganzen Tag über auf dem üblichen engen Weg, auf dem unmöglich zwei Leute nebeneinandergehen konnten, konzentrierte ich mich sehr, nicht in einen der vielen gähnenden Abgründe zu fallen, die wir passierten, und fühlte mich großartig. Unentwegt stießen wir auf Pflanzen für die Sammlung, was sogar ich erkennen konnte. Im üppigen Angebot waren: *Hydrangea robusta*, eine *Lobelia*-Art, *Rhododendron arboreum* subsp. *cinnamomeum* (ein *Rhododendron* mit sich schälender Rinde wie Zimtbäume oder die Rinde von *Acer griseum*), *Meconopsis villosa*, *Arisaema propinquum*, *Rhododendron bureavii*, *Acer campbellii* und, sehr begehrt, *Daphne bholua*. Zweimal tippte mich Sunam an und bedeutete mir, über die Schulter zu sehen. Da war eine glatte, weiße Pyramide vor unglaublich blauem Himmel: Makalu! Das nächste Mal, als ich das strahlende Weiß sah, lag es weiter entfernt und wirkte eher wie eine Kette von Pyramiden: Das, sagte er, sei Kangchendzönga. Nach einer Biegung, einem Steilstück und der Überwindung von ein paar Felsbrocken meinte er noch, dass ich sie nie wieder so sehen würde. Mittags machten wir Station bei einem Wasserfall, einem massiven Sturzbach, der sich den Berg hinab in ein Naturbecken stürzte und uns ein kühlendes Bad bot. Der Tag war heiß geworden. Und – wie jeden Tag – schien es, als wäre es noch nie heißer gewesen.

Erst am Nachmittag fing der eigentliche Aufstieg an. Wir würden uns tagelang nicht unter 1829 Meter bewegen. Manchmal musste ich auf allen vieren über einen Abschnitt des Wegs kriechen, auf dem die Träger, die ja nicht nur unser Gepäck, sondern auch Tisch und Stühle trugen –, mit großem Geschick manövrierten. An jenem Nachmittag sah ich Rhododendren, die keine Sträucher waren, sondern fast zehn Meter hohe Bäume. Und da sah ich auch den einen mit Zimtrinde – eine Offenbarung! Der *Rhododendron* an sich ist vermutlich das am meisten missverstandene Gewächs in amerikanischen Gärten. Er wird nah am Haus gepflanzt, oft um das scheußliche, aber praktische Fassaden-Material zu kaschieren. Er blüht ihn in den schönsten Farben – Lila, Rosa, Weiß –, und er blüht großzügig und ausladend. Aber diese Eigenschaften, die Fülle in Farbe und Blüte sowie seine Unkompliziertheit führen dazu, dass man meint, alles mit ihm machen zu können. Einen *Rhododendron* zu sehen, mit einem Stamm so dick wie eine Kiefer und zehn Metern Höhe, mit Blättern fast so lang wie der Unterarm eines Erwachsenen, war so bezaubernd wie die ferne Sicht auf den Makalu. Ich war berückt, denn hier war ich – in einem Wald aus diesen Geschöpfen, aus Rhododendren mit sich schälender Rinde, aus Ahorn und Bambus. Auf circa 2743 Metern kamen wir zu einem Stupa und einigen Gebetsfahnen und ruhten uns ein wenig aus. Dann zweigten wir ab und begannen mit dem Abstieg. Nach 300 Höhenmetern abwärts schlugen wir den Weg in Richtung Thudam ein.

Wir trafen niemanden. Über uns waren riesige Felsen, und fragte mich dauernd, was sie an ihrem Platz hielt. Eigentlich hinterfrage ich den Boden, auf dem ich gehe, nie, aber hier, in der Welt des vertikalen Imperativs, schien alles in einer prekären Schwebe und nur darauf zu warten, dass etwas reißt, bricht, fällt, stürzt. Was, wenn gerade jetzt, wenn ich da wäre?

Wir gingen in Richtung Thudam. Sunam motivierte uns und meinte, dass es gleich da unten läge, aber sobald wir »da unten« waren, wurden wir auf das nächste »da unten« vertröstet. Da unten lagen zunächst enge, felsgespickte Täler, die sich später öffnen und weiten sollten. Wir marschierten auf offenen, exponierten Felsvorsprüngen. Plötzlich wurde es dunkel und kalt. Wir waren in einem Wald, den Sunam zum Nachtlager erkoren hatte. Wir schlugen unser Lager in einem Wald aus *Rhododendron hodgsonii* auf. Die Rhododendren umgaben uns, ragten über uns. Wir befanden uns direkt neben einem Wasserfall, der nur ein kleiner Nebenarm eines viel mächtigeren Wasserfalls in der Nähe war. Aber dieser kleinere Arm hatte seinen eigenen Geräuschpegel, mit dem Effekt, dass wir besser denn je schliefen. Am nächsten Morgen machten wir uns um halb sechs auf den Weg. Es hatte neun Grad, und wir wanderten auf 3027 Meter. Es war dunkel, als wir am Abend zuvor unser Lager aufgeschlagen hatten, und wir hatten nicht bemerkt, dass wir uns in der Mitte des Wegs breitgemacht hatten. Da kamen uns eine Herde Kühe und ihr Hirte entgegen. Ich erkannte den Hirten wieder. Es war derselbe, den wir einige Tage zuvor im Blutegel-Feld gesehen hatten, als wir versucht hatten, den Maoisten auszuweichen. Und mit einem Mal kapierte ich: Während mir jeder Tag in nicht linearer Folge zum Vortag erschien, waren die Tage für die Menschen, die dort lebten, zu einem Ganzen verbunden.

Nach Thudam also. Wir marschierten weiter. Um zehn erreichten wir das Dorf. Wir konnten es schon aus der Ferne sehen. Es war eine Ansammlung kleiner brauner Flachdachhäuser aus Holz, vielleicht sogar Holz aus einigen der Wälder, durch die wir gerade gegangen waren.

Es handelte sich keineswegs um einen lebhaften Ort. Von dort führte ein Pfad direkt nach Tibet und zum Pass Umbak Bhanjyang. Ich sah einen Mann eine große Last auf dem Rücken tragen und den Weg hinaufgehen. Als wir im Dorf ankamen, war niemand auf der Straße. Im Hauptgebäude kaufte Sunam eine große Menge Reis. Wir suchten Souvenirs um uns zu versichern, dass wir diese Reise tatsächlich unternommen hatten, irgendwelche Kleinigkeiten, die uns daran erinnern sollten, dass wir tatsächlich einst in Thudam waren, einem kleinen Dorf im Nordosten Nepals in der Nähe der tibetischen Grenze. Dan kaufte ein paar Schürzen, die die Frauen dort als Teil ihrer täglichen Kleidung trugen, und einige Yak-Glocken. Es gab nichts anderes. Enttäuscht darüber, dass Thudam keine Metropole war, überquerten wir den Fluss, der einen vorläufigen Endpunkt unserer Reise markierte. Dieser Fluss! Er war die Vereinigung mehrerer Zuflüsse, die aus mehreren Richtungen heranbrausten. Er hatte die Farbe von ungefiltertem Blau, vermutlich war sein Ursprung ein Gletscher. Wir überquerten ihn, ich musste mich zusammenreißen; die Brücke bestand aus einigen von Seilen zusammengehaltenen Baumstämmen. Einmal fiel ich ins Wasser. Es war kalt, aber auszuhalten.

Als wir Thudam verließen, verfiel ich in tiefen Zweifel. Ich schaute mich immer wieder um wie zur Bestätigung, dass ich wirklich dort gewesen war, dass ein Ort namens Thudam wahrhaftig existierte. Ich war dort gewesen. Ich hatte versucht, eine Kleinigkeit zu kaufen, mich zu vergewissern, dass ich in Thudam war. Aber es gab nichts. Ich kaufte für eine Mahlzeit etwas von dem Reis, den auch Sunam gekauft hatte. Nach einer Kurve konnte ich Thudam nicht mehr sehen, die paar braunen Flachdachhäuser zwischen Felsen, ebenso so groß wie die Häuser. Als ich mich noch einmal umsah, schien ich ein kleines Gespenst wahrzunehmen, das sich Richtung Tibet bewegte. Es war Bleddyn. Er hatte eine falsche Abzweigung genommen.

In dieser Weite gibt es wenige Ziele, aber die Möglichkeiten, falsch abzubiegen, sind enorm. Wir riefen ihm zu, aber er konnte uns nicht hören, und schließlich lief einer der Träger den ganzen Weg zurück, etwa eineinhalb Kilometer, um ihn zurückzuholen. Zwei bis drei Kilometer in 3048 Metern Höhe sind nicht wenig.

Wir saßen zu Mittag im Schatten. Unbeabsichtigt saß ich auf einer kostbaren *Aconitum*-Art, da sie aber nicht blühte, kümmerte ich mich nicht darum. Während des Essens säuberten Dan und Bleddyn die Samen, beschrifteten und nummerierten sie. Es hatte dreiundzwanzig Grad, und wir waren auf 3557 Metern. Keiner von uns spürte die Auswirkungen der Höhe, außer dass wir nie Hunger hatten. Der Himmel war wolkenlos, die Luft nicht heiß, nur strahlend klar. Dann plötzlich kam ein Wind auf, die Sonne verschwand, und es war klar, dass wir uns auf die Socken machen mussten. Wir gingen also weiter. Ich sah zum ersten Mal eine *Meconopsis grandis*-Art und zwar im Überfluss, und sie hatte Samen. Ich hatte sie natürlich noch nie in Blüte gesehen, aber ich erkannte die Blätter, schmal, behaart und lang, gerade nach oben wachsend, mit den herausstehenden, vertrockneten Schäften. Wir

Abgelegener Außenposten von Thudam an der tibetischen Grenze

gingen jetzt an dem steinigen Ufer eines blauen Flusses entlang, der so klar war, dass man bis auf den Boden sehen konnte. Er kam von irgendwo tief aus den Bergen angerauscht, auf die wir zusteuerten. Das Ufer auf der anderen Seite war dicht mit *Rhododendron* bewachsen, eine niedrig wachsende Art, von der Bleddyn sagte, sie gehörte zum Glockenblütigen Rhododendron *(Rhododendron campanulatum).* Die Pflanzen sahen aus wie die mir bekannten Rhododendren. Die Blätter hatten eine normale Form, weder groß noch breit. Sie standen in der prallen Sonne und wuchsen so dicht, dass sie eine Hecke bildeten. Ich malte mir aus, wie fantastisch sie im Frühling, in voller Blüte, aussähen.

Der Pfad öffnete sich, aber es war kein Weg, wie man es kennt. Nichts war so, wie ich es kannte. Der Weg wurde zu einer weiten offenen Fläche übereinandergestapelter Felsen, und wir traten nur von einem auf den anderen. Jeder Schritt war ein Balanceakt, erforderte eine andere Art von Konzentration, als jene, die man beim Hintereinanderlaufen im Wald braucht. Wir waren in einer hochalpinen Landschaft, keine Wiese, kein Geröll, nur eine große Weite von Felsen mit niedrigem Wacholder um die Felsen herum und ein paar niedrigen Rhododendren, die sich teppichartig ausbreiteten, Berberitzen und dann noch einigen etwas größeren Rhododendren, *Meconopsis grandis* und *paniculata,* und einigen Fingerkräutern *(Potentilla).* Der Wind wurde stärker, es begann zu regnen, dann zu schütten und schließlich zu schneien. Ich war plötzlich ganz allein in diesem Felsental, und konnte das Terrain nicht mehr einschätzen. Jeder Schritt, den ich machte, schien eine neue Perspektive zu eröffnen, als ich zurückschaute, um zu sehen, woher ich gekommen war, erkannte ich das, was ich sah, nicht wieder. Über mir waren riesige Felsen, wieder schienen sie alle nur leidlich stabil, als könnten sie jederzeit auf mich stürzen. Mein Weg ging durch eine Schlucht, führte über mehrere Flüsse und schließlich an einem größeren Strom entlang.

Überall waren Felsen, große Brocken, Flüsse, die Luft war voller Schneeregen und Schnee, und es wurde finster. Ich befürchtete, mich verirrt zu haben. Ich rief nach Sunam, als mir klar wurde, dass ich meine eigene Stimme kaum hören konnte, ließ ich es bleiben. Ohne zu wissen, was ich sonst tun sollte, folgte ich dem größten der blauen Flüsse. Ich erreichte unser Lager und merkte erst jetzt, welche Angst ich gehabt hatte. Ich hätte mich nie gänzlich verirrt, Sunam hätte das nie zugelassen. An jenem Abend beauftragte Sunam Cook, uns ein Gericht aus seiner Region in Nepal zu kochen, ein schöner dicker Eintopf mit Knödeln, Kartoffeln, Karotten und Erbsen. Es war köstlich, aber ich konnte es nicht essen. Ich trank etwas Tee und ging ins Bett. Es war kalt, aber ich hatte die brillante Idee, die Trinkflaschen, die wir während des Tages mit uns trugen, mit heißem Wasser zu füllen und sie in meinem Schlafsack neben mich zu legen. Ich schlief bis Mitternacht, bis ich nach draußen ging, um zu pinkeln, und mich in einer schönen, kalten, klaren Sternennacht und auf gut fünfzehn Zentimeter Schnee wiederfand. Am Morgen gab es Nudelsuppe zum Frühstück, eine weitere Spezialität aus Sunams Heimat. Dann ging es weiter zum Pass von Jangla Bhanjyang und zu dem noch mythischeren und magischeren Topke Gola, einer jener Orte, für den Pflanzen-Aficionados alles geben.

TOPKE GOLA

In jener Nacht, in kaltem Dunkel und Schnee, als ich ins Lager gestolpert bin, hatte ich den spektakulären, zwischen Felsen schwebend und über mich hinweg wachsenden Noblen Rhabarber *(Rheum nobile)* gar nicht gesehen. Er wuchs einzeln, gerade und aufrecht wie ein kleiner Gardeoffizier. Es war Herbst, und der Höhepunkt der Blüte schon längst überschritten. Und warum war ich so beeindruckt davon? Ich hatte sie nie vorher wachsen sehen. Soweit ich weiß, findet man sie in keinem Garten, zumindest in keinem, den ich kenne. In meinem Gärtnerinnen-Leben gab es eine Reihe von Pflanzen, die ich unbedingt in natura sehen wollte: den blauen Tibet-Scheinmohn *(Meconopsis benticifolia)* oder das Mammutblatt (*Gunnera manticata,* wegen der riesigen Blätter), um nur zwei zu nennen. Der *Noble Rhabarber* gehörte auch dazu. Den Tibet-Mohn hatte ich vor vielen Jahren erstmals auf der Chelsea Flower Show in Großbritannien gesehen. Meine kindliche Freude und Erregung nervte die Leute, die mich beobachteten. Das Mammutblatt hatte ich zum ersten Mal in einem Garten im Pazifischen Nordwesten der USA gesehen. Dabei hatte es keine Zeugen meiner Freude und Überraschung gegeben. Der *Noble Rhabarber* findet sich nur in Büchern von Pflanzenjägern und nur bei denjenigen, die in bestimmten Regionen des Himalaya unterwegs waren.

Ein Bild eines blühenden Exemplars findet sich in dem Buch *Flowers of the Himalaya* von Oleg Polunin und Adam Stainton. Diese Pflanze wächst üblicherweise solitär, an felsigen Berghängen, weit über der Baumgrenze und umgeben von Scheinmohn *(Meconopsis)* und einigen *Primula*-Arten. Die Blüten der etwa ein Meter hohen Pflanze sind unter großen cremig-gelben Hochblättern verborgen – die fast so groß sind wie ihre großen Blätter. Damals fand ich vertrocknete Blüten voll mit Samen vor. Aber weder Bleddyn noch Dan wollten sie, denn was sie zum Blühen brauchen, gibt es in amerikanischen oder englischen Gärten nicht. Bleddyn hatte noch nie gehört, dass irgendwer diesen Samen je zum Keimen gebracht hätte. Die Betrachtung der braunen, vertrockneten Pflanze im Fels erinnerte mich an die Beschreibung Joseph Hookers: »Auf den schwarzen Felsen bildet der gigantische Rhabarber blasse Pyramidentürme von 91 Zentimeter hohen, aufgeblähten Hochblättern, die die Blüten verbergen, sich wie Fliesen überlappen und sie schützen vor Wind und Regen: ein Wirrwarr aus breiten grünen Blättern, mit rot gesprenkelten Rändern, die Basis der Pflanze steht in Kontrast zu den durchsichtigen Hochblättern, die gelb und rosa gerändert sind. Das ist die schönste krautige Pflanze in Sikkim.« Er beschrieb sie in ihrer Blüte. Zuerst sah ich nur eine getrocknete Pflanze, und als sich meine Augen an die Landschaft gewöhnten, erschienen sie immer wieder, aber immer einigermaßen weit voneinander entfernt.

Die wunderbare Ansicht der *Rheum nobile*-Pflanzen ebnete bald den Weg für Weiteres. Es hatte fast 6,6 Minusgrade, als wir das Lager verließen und den blauen, kalten

Die Autorin und Thile Sherpa neben einem Noblen Rhabarber, Rheum nobile.

Fluss überquerten, an dessen Ufer wir die Nacht verbracht hatten. Wir gingen nun in Richtung Topke Gola. Wir waren in einem felsigen Tal, und es ging aufwärts. Wie üblich war das, was man aus der Ferne für ein Ziel halten mochte, also das Ende der Straße, nur weiterer Aussichtspunkt auf die nächste Strecke. Die Felsen wurden größer, und das Tal wurde auch breiter.

Wir wanderten zwischen Bächen und Flüssen, Wassertröpfchen, die aufstiegen und herunterfielen. Hier gab es keine Bäume, nur *Potentilla*- und Wacholdersträucher. Der Noble Rhabarber war überall und ebenso eine weitere für Sammlerzwecke unbedeutende Pflanze namens *Saussurea*. Wir fanden auch andere Arten von *Meconopsis (discigera* und *bella)* sowie Primeln *(Primula stuartii), Rhodiola, Saxifraga parnassifolia, Pleurospermum*, Lilien *(Lillium nanum)* und *Geranium (nakonianum).*

Uns selbst überlassen wären wir in diesem Meer von Felsen und Gestein verloren gegangen, denn diese Landschaft war mir so vertraut wie die Marsoberfläche. Jeder Weg, den wir für den Pfad zum Pass hielten, der uns dann schließlich zu Topke Gola geführt hätte, war der falsche, und es war nur dank Sunam, dass wir es schafften und uns nicht verirrten. Meine Schwierigkeiten dabei waren: Ich fand jede Pflanze, jede Abzweigung, jeden Wetterwechsel, jede Felsformation so neu und faszinierend, dass ich für alles eine Erklärung wollte. Ich wollte die Hintergründe wissen und quälte mich mit den Fragen nach dem, was denn das vor mir wäre und nach dem, was ich selbst sei.

Die, denen es gelungen war, die Erdatmosphäre hinter sich zu lassen, nahmen nach ihrer Rückkehr an Paraden, Festivals und Zeremonien teil. Sie zeigten uns das Unbekannte im Licht der Normalität. Aber zu denen gehörte ich nicht. Wäre ich der erste Mensch auf dem Mond gewesen, wäre ich hundert Jahre später noch nicht in der Lage, darüber zu reden. Dabei war ich hier nur in Nepal auf einer Pflanzen-Safari, auf einer Sammel-Wanderung, aber schon die Landschaft am Fuße des Himalaya ließ mich einsilbig werden und verstummen, vielleicht für immer.

Selbst wenn mir jemand den richtigen Weg über den Pass gezeigt hätte, hätte ich ihn alleine nicht gefunden. Ich ging los, und alles schien friedlich. Ich konnte immer noch einige Pflanzen erkennen: Die *Saussurea* war da, ein wenig Enzian und viel Schnee. Ich befand mich nun in der Gegend, die ich von Num aus gesehen hatte (zumindest die schneebedeckten Gipfel). Ich ging hinauf, der Schnee wurde tief. Es wurde eisig und rutschig. Klarerweise war der höchste Punkt des Passes weiter entfernt, als ich dachte, der Schnee wurde immer tiefer. Die Sonne schien hell, der Schnee reflektierte ihre Strahlen, es blendete. Auf halbem Weg hörte ich Glockengebimmel, und bald sah ich eine Herde von Yaks und ihren Hirten. Ich musste ihnen Platz machen, ihnen aus dem Weg gehen und gleichzeitig aufpassen, nicht in eine bodenlose Tiefe zu fallen, die immer in der Nähe schien. Ich stand still auf der Seite, während sie vorbeizogen, ging weiter, nur um das gleiche Geräusch der nächsten Yak-Karawane zu hören. Das passierte dann noch zweimal. Eigentlich war es eine wunderbare Ablenkung. Die Herden bestanden jeweils aus ungefähr sieben Yaks, und jeder Yak war mit Glocken und roten oder weißen Wollfäden geschmückt. Die Hirten beachteten uns nicht besonders. Sie sahen anders aus als alle, die ich zuvor gesehen hatte. Zumindest anders, als alle die wir vor Thudam getroffen hatten. Sunam brachte in Erfahrung, dass sie Mais nach Tibet trugen und mit Reis und Salz zurückkehren.

Ganz oben auf dem Pass machte ich eine Pause. Wir hatten zwei Stunden gebraucht, um den Pass zu erklimmen. Für mich war es ein Kampf. Wir waren auf 4755 Metern. Ich war erschöpft, körperlich, aber damit kam ich zurecht. Aber ich war auch emotional erschöpft. Ich ruhte auf dem vorhandenen Stupa neben den Gebetsfahnen. Der richtige Weg, sie zu umrunden, liegt stets rechter Hand. Lange Zeit konnte ich den richtigen vom falschen nicht unterscheiden. Ich hoffte nur, dass der Gott dieses Ortes meiner Unwissenheit gnädig sein würde, die ja nur von der Erschöpfung kam. Sunam zeigte mir, wo ich gerade hinaufgestiegen war, und einen verborgenen See, den man nur vom Pass aus sehen konnte. Er war so unerwartet, so makellos, so echt und dann wieder doch nicht, dass ich das Gefühl hatte, ich würde mich auflösen. Ich tat es aber nicht. Ich bat Dan, ein Foto von mir mit diesem See im Hintergrund zu machen. Er setzte hinzu, dass das Wasser dieses Sees seinen Weg bis zum Ganges gefunden hat.

Den Pass zu verlassen, war wie ein großartiges Buch zu beenden, dessen Lektüre keine Wünsche offen lässt, außer dass man wieder auf Seite eins anfangen kann – mit dem Gefühl, es noch nie gelesen gehabt zu haben, obwohl man es natürlich gelesen hat. Wie sehr ich mir wünschte, den Pass zu erreichen, hinaufzusteigen und ihn dann hinter mir zu lassen mit dem Gefühl wie nach dem Lesen eines guten Buches; seine Beschaffenheit, die Felsen, die sich unter meinen Füßen bewegten, die Blumen, die ich nie anpflanzen könnte voller Samen, die zum Sammeln bereit waren, die scheinbar wackeligen Felsen; der fünfzehn Zentimeter tiefe Schnee, das Rutschen und mindestens einmal das Hinfallen, das klarste Himmelblau über mir, die heiße Sonne inmitten von Kälte und Schnee, die Yak-Herde, der verborgene See, den kaum ein Mensch in den Jahrmillionen seiner Existenz sah, sein Wasser, das sich mit dem großen Ganges vereint.

Diese Erfahrung ist hier in einem Buch festgehalten, das ich nun für mich selbst schreibe. Aber das ist nicht leicht, denn für jedes Wort, das ich ins Buch aufnehme, muss ich mich von einem Wort trennen, jede Erfahrung, die ich in diesem Buch schildere, ist eine, von der ich mich trennen musste. Ich wollte mich von nichts trennen, weder von Wörtern noch von Erfahrungen, die ich gemacht hatte, während ich in Nepal, in den Ausläufern des Himalaya mit seinen Blumen gewandert bin. Das Buch, das ich schreibe und daher lese, wird mir bald weggenommen werden. Die Chancen, dass ich diesen Pass noch einmal passiere und den See sehe, der sich gleich dahinter verbirgt, sind praktisch nicht vorhanden. Ich sollte wieder Samen sammeln gehen, aber ich sollte irgendwo anders hingehen.

Ich stieg zur anderen Seite des Passes ab, und es schien mir keine Spiegelung des Aufstiegs. Aber vielleicht war

Die Autorin und Dan Hinkley auf dem Hochpass zwischen Thudam und Topke Gola

dieser Eindruck meinen Knien geschuldet. Der Aufstieg ist hart für die Lunge, der Abstieg geht auf die Knie. Ich sah für einige Zeit nichts weiter auf dem Weg nach unten wachsen. Die Tatsache, dass die Karawane von Hirten und Yaks vor etwa einer Stunde auf diesem Weg gewesen war, erschien mir unwirklich. Es gab keinen Hinweis auf sie. Die Landschaft aus Fels und Stein erschien mir ungezähmt, gar unberührt von der Fantasie der Menschen. Ich weiß das natürlich nicht mit Sicherheit. Ich behaupte es in vollem Bewusstsein meiner Unwissenheit. Wir verließen den Pass in getrübter Stimmung. Jetzt, da ich es niederschreibe, erscheint es mir plausibel. Nach allem, was ich über Menschen gelesen habe, die Pässe passieren, scheint das üblich zu sein.

Als wir abstiegen, nahm ich einzelne Enziankolonien wahr – so klein und isoliert in der weiten Landschaft gaben sie den Anschein bunter Kiesel. Und so verhielt es sich auch mit den Ritterspornen *(Delphinium),* und ihren etwa fünfzehn Zentimeter hohen, blassen, behaarten, weißgrauen Blütenhauben. Sie standen in voller Blüte, es war Oktober. Wo gab es Samen? Diese besondere Pflanze benötigt eine gewisse Zeit unter der Schneedecke in einer bestimmten Höhe. Dieses Pflanzenwunder erinnerte mich an den berühmten Alpen-Gärtner Geoffrey Charlesworth. Ich kenne ihn zwar nicht, aber er veranlasste mich dazu, mit meinem Freund Ian Frazier im Glacier National Park auf einer Almwiese zu wandern und die Pflanzen zu sichten, die auf felsigem Boden wachsen, den unbarmherzigen Elementen, Sonne und Wind, trotzen und aufs Gedeihlichste wachsen.

Der Weg nach unten hatte seine Tücken. Jeder Schritt war ein Freifahrtschein in den Untergang. Der Weg, eine Mischung aus Fels und Gestein, gestaltet sich wie immer, aber in diesem Teil der Welt war das Übliche immer neu. Und dann kam etwas Neues: Die Felsen und Gesteinsbrocken wurden dunkler; die Weite des Himmels war einer düstereren Nuance gewichen, als ob etwas anderes herrschte.

Wir fanden eine geschützte Stelle und hielten Mittagsrast. Die Sonne brannte, der Wind schlief, und just, als wir uns beglückwünschten, wie gut alles lief, tauchte eine ganze Reihe schwarzer Wolken am Horizont auf und gingen nicht mehr weg. Sie bewegten sich auf uns zu, wir packten zusammen und ging weiter. Sie schwebten nicht allzu hoch über unseren Köpfen, aber verharrten wie ein böses Omen, das immer näher kommt. Wir gingen den Rand einer Muräne entlang; das heißt, was ein guter Pfad sein hätte können, war weggebrochen. Gleich verstand ich, was mit *Messers Schneide* gemeint war im Zusammenhang mit Menschen, die auf Berge steigen. Wir gingen nach Topke Gola und wanderten erneut durch hektargroße Flächen voller *Rhododendron*, niedrig wachsend, strauchig und kleinblättrig. Wir sahen dort auch Wacholder *(Juniperus)*, Weiden *(Salix)* und natürlich Scheinmohn *(Meconopsis)* im Überfluss sowie die Rarität *Meconopsis paniculata* mit vollen Samenkapseln und *Arisaema jacquemontii* (das war eine Pflanze mit Samen, die ich gefunden hatte und die mir Dan spezifizieren sollte). Wir liefen durch ein so riesiges Gebiet voll kleinblättrigem *Rhododendron*, dass ich für eine kurze Zeit dachte, es gäbe den Ort Topke Gola nicht. In dem *Rhododendron*-Paradies fanden sich ein paar Campingplätze, Stellen für Lagerfeuer oder Außenschlafplätze. Und dann begriff ich auch, was die Yak-Herden, denen ich auf meinem Weg Platz gemacht hatte, hier zu schaffen hatten. Das hier war eine große Weide. Alles, was für uns in Wales oder Nordamerika Gartenschätze waren, war hier Futter für die Yaks und damit die Lebensgrundlage der Menschen, die sich um sie kümmerten. Wir liefen durch dieses weite, tiefe Tal, die Berge in der Nähe (denn nun war alles, was weit weg war, in der Nähe, und alles in der Nähe war weit weg), und waren erschöpft wie beim ersten Mal, ohne uns daran zu erinnern, dass wir vorher erschöpft waren. Nach einer Weile sahen wir die kleine Ortschaft Topke Gola in der Ferne aufblitzen. Nach zwei im Wald verbrachten Nächten erschien uns ein Dorf mit Häusern und also auch Menschen wie ein Geschenk. Und wie ein Geschenk enthielt es eine Überraschung, vielleicht ein Wunder, vielleicht etwas Schönes, vielleicht ein Geheimnis. Ich konnte die Gebäude erkennen, braun ohne Farben. Das waren die Wohnhäuser, zusammengekauert, als wäre jedes ein Teil des anderen. Von oben und in 3962 Metern Höhe schien der Ort so nah, ganz nah, dennoch dauerte es eineinhalb Stunden von der ersten Sichtung bis zur Ankunft, und Gebäude, die von weit weg so klein und unbedeutend erschienen, waren groß. Man musste Treppen steigen, um zu ihnen zu gelangen. Ich habe mich nie daran gewöhnt, an die Kluft zwischen tatsächlicher und gefühlter Nähe meiner Ziele. Nie habe ich mich an den großen Unterschied zwischen meinen Erwartungen, meiner Wahrnehmung und der Realität der Dinge und Umstände gewöhnt.

Als ich zu unserem Zeltplatz kam, war alles bereits vorbereitet. Wir bildeten ein kleines Dorf – ganz für uns allein. Sunam, Thile und Mingma wirkten zufrieden; vermutlich, weil sie uns sicher nach Topke Gola gebracht hatten. Dafür hatte ich sie gern, was auch immer das jetzt bedeutet, aber vor allem, was es damals bedeutet hat. Wir beschlossen, zwei volle Tage zu bleiben. Hier gab es eine Fülle an Flora, die in verschiedenen Zonen wachsen konnte, sicherlich war sie für Menschen gedacht, die Gärten gestalteten und wohlhabend genug waren, um sich die Pflanzen zu leisten, die aus den Samen wachsen würden, die hier eingesammelt wurden.

Die Träger hatten Lagerfeuer aus zusammengeklaubten Wacholder- und Rhododendronzweigen aufgeschichtet. Gerade so, als ob sie Wacholder und *Rhododendron* als Unkraut ansähen. Ein Memento dafür, dass unter den richtigen Umständen jedes Unkraut zum Schatz werden kann. Die Wacholder- und Rhododendronpflanzen, die hier verbrannt werden, um Treibstoff herzustellen, wären für viele Gartenliebhaber meiner Klimazone echte Schätze.

Als ich mein Zelt sah, fühlte ich mich, als käme ich nach Hause. Ich rollte meinen Schlafsack aus und kroch hinein. Wir waren 914 Meter tiefer als am Pass, und der ganze Tag verging nicht wie ein ganzer Tag, sondern wie viele Tage, jeder Teil des Tages war so anders, wie ein Kaleidoskop, bei dem jedes Teilchen eine wichtige Position im Gesamtbild hat. Und so war Topke Gola, von weit weg

Das Dorf Topke Gola

gesehen, wie ein Bild, aber dann, als ich dort ankam, zeigten sich die problematischen Details: Einige Leute lebten dort, und sie kamen nicht heraus, um uns zu begrüßen, und von den Gebäuden, die von oben gesehen so geheimnis- und verheißungsvoll ausgesehen hatten, ging – nun, da wir da waren – nichts aus. Als wären wir über etwas gestolpert, das Vergangenheit und gleichzeitig auch Gegenwart war. Der Ort war verschlossen und gleichzeitig voll zugänglich. So erlebte ich es.

Wir aßen Reis und Dal und Kartoffeln zum Abendessen, und ich stellte fest, dass die Kartoffeln im Laufe der letzten fünf Tage immer ungenießbarer wurden. Wahrscheinlich war Cook es leid geworden, Kartoffeln zu kochen, und es war ihm egal, ob sie gut waren oder nicht. Sunam erklärte mir, dass die Kartoffeln in einem Schnellkochtopf gekocht wurden, und je höher wir kamen, umso eher setzte die Höhenlage die Funktion des Schnellkochtopfes außer Kraft, weshalb das Essen nicht gründlich zubereitet werden konnte. Aber das war in Ordnung, denn ich ging ins Bett, das heißt, ich kroch in meinen Schlafsack, gerade als es um halb sieben dunkel wurde. Gefühlt war es Mitternacht. Dan und Bleddyn und Sue katalogisierten und etikettierten und reinigten das bisher Gesammelte. Vielleicht war ich höhenkrank, aber ich fühlte nichts Anderes als Müdigkeit, körperliche natürlich, aber auch geistige, denn mir schien, als bräuchte ich ein Jahr, um all das zu verarbeiten, was ich nur an diesem einen Tag gesehen hatte.

Aber der Reihe nach: Der Tag begann am Ufer des eisblauen Flusses mit Sunams Spezialfrühstück. Wir überquerten den Fluss, gingen ins Tal aus Fels und Stein, wir gelangten zum Pass, gingen zwei Stunden lang hinauf und machten Herden von Yaks Platz, die auf dem Weg nach Tibet waren. Wir sahen einen See, diskret vor dem menschlichen Auge versteckt. Wir gingen eine Schlucht hinunter, erreichten eine Wiese mit Felsen, eine Weide für Yaks, durchquerten riesige Blumenfelder, jede davon ein Schatz für meinen Garten, wenn sie es nur zuließen, wir kamen an einen sagenhaften Ort, und ruhten uns dort aus. Ich ging ins Bett und wachte am nächsten Morgen zum gleichen Ritual auf: eine Schale mit heißem Wasser, die mir Cooks Assistent brachte, eine Tasse heißen Instantkaffees. Ich schlürfte das heiße Getränk, wusch mich mit dem Schwamm, zog mich an und stieg aus dem Zelt, um zu frühstücken. Es dauerte eine Weile, bis ich merkte, dass mein Zelt auf wild wachsendem Scheinmohn (insbesondere *Meconopsis paniculata*) lag und dass ich auch darauf ging.

Nach dem Frühstück putzte ich unser Zelt. Der Tag war schön klar, die Sonne schien, der Himmel war blau und wolkenlos. Und doch war die Luft kalt, was nicht der hellen Sonne und dem klaren Himmel entsprach. Es war, als ob alle drei Dinge getrennt voneinander existierten, ohne Einfluss aufeinander. Die Sonne konnte so hell scheinen, wie sie wollte, in einem noch so wolkenlosen Himmel, und die Luft bliebe bei einer Temperatur, die von nichts davon betroffen war. Ich nahm Dans und meinen Schlafsack heraus und legte sie auf kleinblättrigen *Rhododendron,* Wacholder und *Berberis,* die hier überall wuchsen. Ich legte auch meine schmutzige und abgenutzte Kleidung aus, in der Hoffnung, dass das Sonnenlicht und die saubere Luft sie besser riechen und sich besser anfühlen lassen würden. Ich bat Cook, etwas Wasser für mich warm zu machen, damit ich baden konnte. Er tat wie gewünscht und brachte mir das Alubecken, in dem unser Geschirr gespült wurde. Er füllte es mit heißem und kaltem Wasser, um die richtige Badetemperatur zu bekommen. Ich wusch mich mit einer Seife, die ich aus dem teuren Hotel in Hongkong mitgenommen hatte, wo ich vor einer gefühlten Ewigkeit übernachtet hatte. Das war das Stück Seife, mit dem wir uns vor jeder Mahlzeit die Hände wuschen, es war ein Teil des Rituals, bei dem unsere Mahlzeiten an einem Tisch serviert wurden, der immer mit einem Tischtuch bedeckt war und Messer und Gabel an ihrem richtigen Platz lagen. Die Seife lag in einer blauen Schachtel mit dem Tiffany-Logo, und je weiter weg von der Welt wir waren, in der Tiffany und Luxus etwas bedeuteten, desto verschmierter und dreckiger wurde auch die Seife, weil sie in den Schmutz fiel und wieder in die teure kleine Seifenschachtel gepackt wurde. Mit der widerlich gewordenen Tiffany-Seife gewaschen, zog ich meine gelüftete schmutzige Kleidung an und fühlte mich großartig.

Topke Gola, das konnte ich nun sehen, war kein Dorf, sondern ein Ort. Chyamtang war ein Dorf, Thudam war ein Handelsposten, eine Kreuzung, die einen Platz mit dem nächsten verband. Topke Gola war ein heiliger Ort. Es gab dort ein Kloster, und vielleicht war auch ein Heiliger darin. Sunam sagte nie Ja oder Nein. Er sagte jedoch, dass im Sommer viele Menschen dort lebten, dass dann alle

Gebäude besetzt sind, aber danach gingen die meisten Leute wieder, und nur wenige blieben da. Er kaufte Yak-Fleisch von jemandem, der geblieben war. Das war unser Abendessen und das erste Frischfleisch, seit wir Kathmandu verlassen hatten. Wir waren etwas unter 3658 Metern Höhe, 1219 Meter unterhalb der Höhe am Pass. Wie an allen anderen Tagen schien der Vortag wie ein Traum. Topke Gola schien ebenfalls wie ein Traum. Oder, anders ausgedrückt, ich fühlte mich, als schaute ich durch ein Sieb. Es war keine klare Durchsicht möglich, ich blickte durch eine Membran mit kleinen Löchern darin. Ich konnte das Kloster sehen, ein kleines, weiß getünchtes Gebäude in einem Meer aus braun. Wie ist die Tünche bis in diese Höhe gelangt? Ich fragte mich, aber das war auch schon alles. Mir schien, ich sollte nicht näher hin.

In Topke Gola gab es einen heiligen See, eineinhalb Kilometer über dem Dorf, ein Ziel für Pilger, die im Sommer ins Dorf kamen. Ich stieg zu ihm hoch. Wie üblich war ich beeindruckt von dem Unerwarteten. Wie konnte ich vorhersagen, dass es ein Gewässer geben würde, einen See, ganz anders als derjenige oberhalb des Passes, der seinen Weg zum Ganges findet? Dieser See, den ich vom Pass ausgesehen hatte, war so entrückt von der Welt, und er wirkte, als würde das auch so bleiben, selbst wenn man darauf segeln würde. Es war als offenbarte er sich nur wenigen, weil sein Wasser am Ende so vielen gehört. Der Heilige See in Topke Gola hingegen sah sehr domestiziert aus. Es hieß, eine Göttin lebe dort, und im Tempel, ein schönes kleines offenes Gebäude am Eingang des Sees gelegen, lagen die Überreste von Opfergaben, Knochen,

Äste, Steine und eine kleine Flasche Whiskey. An seinen Ufern wuchs so vieles, das ich mir als Gärtnerin wünschte: *Rhododendron,* Wacholder, *Berberis, Clematis* und so weiter. Ich wandte mich ab und kehrte zu unserem Lager zurück, erschöpft, nicht vom Fußmarsch zum Heiligen See, sondern vom Wissen um seine Existenz. Wieso das? Wieso war es anders, als letztens, als ich den See über dem Pass gesehen hatte, jenen so geheimnisvollen See? Ein See, den man nie sieht, wenn man ihn nicht gezeigt bekommt. Mir scheint, in ein Geheimnis der Natur, dessen man nicht gewahr sein kann, eingeweiht zu werden, es lässt mich nicht über mich selbst nachdenken, es ist die schiere Freude am seltenen Privileg seiner Betrachtung.

Aber der Heilige See hat mich dazu gebracht, die Unergründlichkeit der anderen zu reflektieren.

Später an diesem Tag brachte mich Sunam zu einer Weberin, einer Frau, die das ganze Jahr über in Topke Gola lebte und Gebetsteppiche mit einem Handwebstuhl anfertigte. Ich kaufte einen, und erst als ich zu Hause in Vermont ankam, sah ich, dass er leicht schief war; er war nicht gleichmäßig gewebt.

Diese zwei Tage und drei Nächte in Topke Gola waren perfekt. Die Nächte waren kühl, und es regnete. Die Tage waren sonnig, mit dunklen und schweren Wolken voller Feuchtigkeit oder weißen Wolkenflocken ohne Feuchtigkeit, die schnell zu einem anderen Ziel eilten. Sue und ich blieben im Lager und putzten Samen, froh über die Ruhetage; Dan und Bleddyn stiegen auf die Berge über uns und kamen mit Saatschätzen zurück. Die Träger machten

Handgewebter Gebetsteppich in Topke Gola

Feuer aus dem Holz der geschätzten *Rhododendron*, Wacholder und *Berberis*. Sie sangen Lieder und aßen mit uns. Erst dann wurde mir bewusst, dass ich keine Ahnung hatte, wie oder wann sie ihr Essen besorgten oder ihre Mahlzeiten einnahmen. Sie saßen mit Sue und mir herum, und wir zeigten ihnen, wie sie Samen aus Früchten lösen. Diese drei Nächte und die zwei Tage dazwischen schienen, schon damals, aber jetzt noch mehr, als wären sie der eigentliche Zweck unserer Reise. Alles dort Gesammelte konnte in einem Garten in Vermont wachsen. Als ich an jenem ersten Tag runter nach Topke Gola gekommen war, hatte ich eine Samen-tragende *Arisaema* entdeckt. Dan machte ein großes Theater darum, denn die hatte er gesucht. Und all der Scheinmohn in dieser Gegend war von der Sorte, die ich anpflanzen konnte, wenn ich nur wüsste, wie man's macht. Bei mir zu Hause kann man einen solchen Samen nicht einfach auf die Erde fallen lassen und hoffen, dass was passiert. Wir waren umgeben von 305 Meter hohen, grünen Hängen mit schneebedeckten Gipfel darüber. Einem dieser Hänge entsprang ein tosender Wasserfall, der aussah, als hätte man ihn dorthin gemalt, so schnurgerade stürzte er sich in die Tiefe. Aber im Gegensatz zu anderen Wasserfällen, die lautlos schäumend ihrer Bestimmung entgegenfließen, war dieser laut, brüllend, mächtig. Eine vermutlich wetterbedingte Verzerrung der Schallwellen ließ ihn wie das Aufheulen eines Düsentriebwerks klingen. Wüsste ich nicht, wie ein Düsentriebwerk klingt, hätte ich nichts, womit ich dieses Geräusch vergleichen könnte. Diese zwei Tage waren perfekt. Sie waren mehr als perfekt. Sie waren ohne Makel. Unsere Mahlzeit aus Yak-Blutsuppe und Yak-Eintopf war perfekt. Wenn uns nächtens und auch noch am nächsten Tag unser Bauch weh tat aufgrund dieser plötzlichen Speiseplanänderung, war es trotzdem perfekt. Nichts zu meckern, keine Beschwerden. Und was für Nächte wir hatten! Kein Vollmond, der den Sternenhimmel ausleuchtet, nur ein Halbmond, die größte Lichtquelle in einem tiefen marineblauen Himmel, der dort bewegungslos stand, so wie uns die Erde, auf der wir stehen, bewegungslos scheint. Ich staunte immer von Neuem, jedes Mal, wenn ich aus unserem Zelt stieg und auf einem Teppich aus *Meconopsis paniculata* schritt. Und dann nahte der Abschied.

Unser Abschiednehmen hatte wahrscheinlich schon mit unserer Ankunft begonnen. An jenem ersten Morgen nach unserer nächtlichen Ankunft verabschiedete sich Jhaba Lama von uns und kehrte nach Hause nach Chyamtang zurück. Es war vereinbart, dass er uns nur bis Topke Gola begleitet. Ab hier sollten wir laut Sunams Berechnung mit weniger Hilfe zurechtkommen. Und er sollte recht behalten. Sue, Bleddyn, Dan und ich verabschiedeten uns und gaben ihm ein Trinkgeld, ein großzügiges; wir gaben ihm so viel, weil wir dachten, er würde es nach Hause zu seinen Eltern bringen und dadurch deren Leben ein bisschen leichter machen, besonders dachten wir dabei an seine Mutter. Aber gleich nachdem er das Geld in Händen hatte, kaufte er einem anderen Träger eine Trommel ab, und fing an, sie mit breitem Grinsen zu bearbeiten, ein Grinsen, das mir Ausdruck dessen schien, dass er sich nun einen Herzenswunsch erfüllt hatte. Während des ganzen Wegs – wir gingen früh schlafen und quälten uns durch die Nacht – blieben die Träger wach, tranken, sangen und tanzten zur eigenen Musik. Einer hatte eine Trommel, eine kleine, die zwischen die Knie gespannt werden musste. Jhaba Lama gefiel ihr Klang, und er tanzte gern in ihrem Rhythmus. Also kaufte er die Trommel von seinem eigenen Geld. Er verließ uns und würde die Nacht in Thudam verbringen und sein Dorf Chyamtang am nächsten Tag erreichen. Unsere viertägige Reise schafft er in zwei Tagen.

Es war halb sieben Uhr morgens, als wir Topke Gola verließen. Den Ort, der aus zehn Häusern bestand (ich hatte sie gezählt), und mit einem heiligen See und einer erfreulichen Menge an Samen, die einmal Pflanzen werden, aufwartete. Es war kalt bei fast null Grad, und es lag Neuschnee auf dem Berg. Aber wir gingen nicht mehr aufwärts, ab nun ging's nur noch bergab. Ich sah mich ein letztes Mal um, nicht unbedingt, um mich zu verabschieden. Denn mein Gefühl sagte mir damals – und auch jetzt – dass ich irgendwann wiederkäme. Ich warf einen letzten Blick zurück und dachte, dass ich wohl bald rätseln würde, ob ich wirklich jemals hier gewesen war.

Die Wetterlage im Himalayagebirge kann sich schnell ändern.

EINE NACHT IN EINER SCHLUCHT

Wir verließen Topke Gola an einem Samstag, aber ich hatte überhaupt kein Samstagsgefühl. Wenn ich zu Hause in Vermont bin, mache ich samstags Dinge, die ich sonst an keinem anderen Tag der Woche tue. Als wir Topke Gola verließen, deutete nichts auf einen Samstag hin. Wir machten uns auf den Weg wie an einem ganz normalen Tag. Wie seltsam war es, ein Ziel und etwas zu tun zu haben, aber kein Zeitgefühl. Wir hatten unsere Routine, wir wurden geweckt, wir bekamen eine Tasse mit etwas Heißem darin. Dann bekam jeder eine Schüssel heißen Wassers zum Waschen. Wir zogen uns an, frühstückten, zumeist Haferflocken mit Milch und Honig. Wir füllten unsere Wasserflaschen, packten unsere Tagesrucksäcke und machten uns auf. Wir hielten irgendwo zum Mittagessen an, ruhten uns ein wenig aus, und dann ging's weiter. Gegen halb drei begannen wir, uns für die Nacht einzurichten. Es wurde dunkel, wir aßen zu Abend, und gegen acht Uhr waren wir in unseren Schlafsäcken, in unseren Zelten, lasen oder plauderten und schliefen bald ein. So waren unsere Tage und Nächte. Das war unsere Routine. Und dennoch war nichts davon selbstverständlich. Jeder Tag und jede Nacht waren anders. Außer in den längeren Pausen in Chyamtang und Topke Gola verbrachten wir jeden Tag und jede Nacht an einem anderen Ort. Unsere Routine war ständige Bewegung und ständige Veränderung; unsere Routine war das Neue. Aber das Neue ist keine Routine. Es ist verstörend, Gefühle wurden verletzt, Temperamente gingen durch. Während der Tage vor Chyamtang beschwerte sich Bleddyn über die Route, vor allem, nachdem er auf eine Reise nach oben ins Barun-Tal verzichten musste. Dan und ich jammerten, dass unsere Taschen nie im Lager waren, wenn wir dort ankamen, und dass wir in unseren nassen Kleidern herumstehen und auf die Träger warten mussten. Einmal hatten sich die Träger betrunken und kamen erst lange nach Einbruch der Dunkelheit zur Campingstelle. Sue beschwerte sich nie. Ich jammerte ständig, besonders über die Klosituation, beziehungsweise deren Fehlen. Wo immer wir campten, wurde ein kleines Zelt über einem frisch ausgehobenen Loch aufgestellt. Das war unsere Toilette. Nachdem wir das Lager verlassen hatten, wurde das Loch mit Erde gefüllt, sodass es aussah, als ob dort nichts stattgefunden hätte. Ich war fast nie Gast im kleinen Zelt mit dem Loch in der Mitte, und grämte mich – aber nur insgeheim.

Der Tag, an dem wir Topke Gola verließen, dieser Samstag, war genau wie all unsere anderen Abschiede. Doch verließen wir einen Ort, der ganz anders war als alle anderen. Ich erinnere mich nun, wie still und doch voller Geräusche es war, aber die Stille war nur die Abwesenheit der Geräuschkulisse, die ich gewohnt war, und die Geräusche waren andere, als ich kannte. Das Rinnsal aus dem Berg zum Beispiel. Es rann unablässig, wahrscheinlich bis in alle Ewigkeit, egal, ob ich es sehen und hören konnte oder nicht. Drei Nächte und zwei komplette Tage in Topke Gola fühlten sich an wie ein ganzes Jahr. Die tatsächliche Zeitspanne eines Jahres, 365 Tage, an einem solchen Ort verbracht, wäre für jemanden wie mich eine Ewigkeit. Innerhalb eines Jahres kann man sich an den Anfang erinnern und daraus die Zukunft und das Ende voraussehen. Mit Topke Gola und allen Ereignissen davor im Hinterkopf schritt ich voran. Wir überquerten eine Brücke (gebaut aus dem Holz eines wundervollen, gartentauglichen Baumes, der in der Nähe wuchs), unter uns rauschte laut das Wasser, wir schlichen uns davon und hatten nichts bei uns, das uns die Realität unserer Anwesenheit belegte, außer unseren Erinnerungen sowie dem Teppich und der Yak-Glocken, die wir gekauft hatten, und die große Samensammlung, die zusammengekommen war. Das brüllende Gewässer war der Mewa Khola. Wir waren an seinem Ufer entlanggewandert, ohne ihn zu beachten, bis wir an die Stelle kamen, wo er mit einem noch mächtigeren Gewässer zusammenfloss, dem Fluss Tamur. Das war aber erst viele Tage später. Da ich diese Zeilen schreibe, bin ich fast davon überzeugt, dass ich noch nie an einem Ort wie Topke Gola gewesen bin oder auf einem Teppich von *Meconopsis* geschlafen habe, alles dort Erlebte kommt mir unecht vor.

Wir gingen jetzt hinunter, manchmal auch hinauf, aber meistens hinunter. Es war wie zu Beginn unseres Abenteuers, als das Erreichen jeglicher Höhe bedeutete, dass es auch bergab ging, so bedeutete der Abstieg nun auch, dass es manchmal nach oben gehen musste. Wir durchwanderten wieder einen wunderschönen Wald mit Eichen und Ahorn, aber je tiefer wir kamen, desto öfter begegneten mir Pflanzen, die in meinem Garten in Vermont keine Chance hätten. Weder *Panax* noch *Strobilanthes,* weder *Cremanthodium* noch *Sarcococca,* auch wenn Letztere zum Teil in voller Blüte waren und andere bereits Samen trugen Wir gingen eine lange Zeit ohne Pause, zu lange, und stiegen zu schnell ab. Als wir schließlich um halb zwei mittags Rast hielten, waren die Samensammler sehr aufgebracht. Dieses Tal, das wir herabgestiegen waren, verdiente zumindest die Aufmerksamkeit eines ganzen Tages. Wir waren an jenem Morgen bei ungefähr 3656 Metern gestartet, und um die Mittagszeit, um halb drei, waren wir bei 2438 Metern. In diesem Teil der Welt wird die Grenze zwischen gemäßigter und tropischer Klimazone nach Höhenmetern definiert, und durch den schnellen Abstieg verpassten wir die winterharten Pflanzen.

Wir waren sehr betrübt. Denn es war stundenlang keine ebene Stelle in Sicht, als gäbe es für uns nur noch den Weg abwärts. Der Morgen war schön, klar, anfangs kalt, aber dann, je tiefer wir kamen, wurde es heiß und dann unerträglich heiß so wie in den Tagen, bevor wir nach Topke Gola kamen. Plötzlich tauchte eine Lichtung auf, eine offene Fläche. Es gab ein kleines Gebäude, einen Stall. Zu dem Zeitpunkt wusste ich bereits, dass dort, wo Rinder grasten, Pflanzen wuchsen, die nicht für meinen Garten geeignet waren. Wem dieses Haus wohl gehörte? Es war gerade niemand da, aber da lag ein Häuflein Asche, jemand hatte also vor Kurzem ein Feuer gemacht. Dort hielten wir fürs Mittagessen. Es waren fast sieben Stunden vergangen, seitdem wir Topke Gola verlassen hatten. Wenn man mir gesagt hätte, es wären sieben Tage und nicht nur sieben Stunden, hätte ich mich nicht gewundert. Eine große Debatte entspannte sich: Sollten wir gleich hier campen und von hier aus das Tal erkunden bis kurz unterhalb von Topke Gola? Sollten wir denselben Weg zurückgehen? Dieses Tal war ein Paradies aus Pflanzen, die in einer Klimazone wie meiner wachsen könnten. Es gab aber auch zartere. Die Botaniker Dan und Bleddyn setzten sich durch und teilten Sunam mit, dass genau hier gecampt würde. Aber Sunam entgegnete, dass die Träger mit der gesamten Ausrüstung schon kilometerweit voraus waren und man sie nicht mehr zurückholen könne. Aber Dan und Bleddyn bestanden darauf, sie zurückzuholen. Vielleicht hat Sunam es versucht, vielleicht auch nicht. Wie hätten wir es wissen können? Wir verstanden kein Nepali. Auf jeden Fall berichtete Sunam, dass die Träger sich geweigert hätten umzudrehen. Sie waren schon ein gutes Stück abgestiegen, mehrere hundert Meter. Sie würden all die Sachen nicht wieder zurücktragen. Das musste man verstehen. Der Weg war steil, felsig, und die Felsen waren nass. Sie waren nicht bloß feucht, sondern richtig nass. Vermutlich hatten sie auch die Nase voll von uns, von unserer Wanderung, unseren Mittags- und all den anderen Pausen. Die plötzliche Rebellion der Träger schockierte uns. Sie waren so nett zu uns gewesen, so freundlich. Nun fragten wir uns, ob sie sich, während wir dachten, dass sie freundlich mit uns reden, sich in Wirklichkeit über uns lustig gemacht hatten und unsere Pflanzen-Obsession lächerlich fanden, so lächerlich, dass sie sich zum Einschlafen Witze über uns erzählten. Aber wir hatten für ihre Dienste bezahlt, und wir verlangten, dass sie zurückkehrten und unser Lager dort aufstellten, wo wir es haben wollten. Sie kamen nicht zurück, die Stimmung sank auf den Nullpunkt. Wir aßen Fischkonserven und Gemüse und gingen dann weiter.

Gegen vier Uhr nachmittags, als wir begannen, uns dem Grund des Tals zu nähern, verschwand die Sonne und hinterließ ein diffuses Licht. Es fing an zu regnen. Zuerst war es nur ein stetiges Nieseln. Zwar hatten wir uns mittlerweile an schnelle Wetterwechsel gewöhnt und dachten, hofften, dass es vielleicht nur eine Phase war, dass es gleich wieder aufhören und sich der Sonnenschein Platz machen würde. Aber es hörte nicht auf, und es wurde heftiger. Sue und ich gingen voraus, Bleddyn und Dan hinter uns, die Träger und Sherpas waren vor uns und hielten Ausschau nach einer planen Stelle für unser Nachtlager. Sue und ich hielten an und stellten uns unter einen massiven Felsvorsprung, der aussah wie eine von der Natur gemachte Wohnstatt. Viele Menschen müssen hier schon Schutz gesucht haben, denn in einer Ecke war eine provisorische Feuerstelle, darüber ein Unterschlupf, der als Schlafplatz taugte. Der Regen ließ nicht nach; er wurde noch stärker. Einen solchen Regen hatte ich noch nie erlebt. Und ich dachte: Wenn Wetter jemals ein Konsumgut wird, wird der Himalaya eine Weltwirtschaftsmacht. Jedes Wetter zeigte sich hier in voller Pracht. Die heiße Sonne war die heißeste Sonne, die ich erlebt hatte. Die kalten Nächte waren die kältesten überhaupt. Der Schnee auf dem Pass nach Topke Gola war der schneeigste der Welt, jeder andere Schnee nur ein müder Abklatsch. Die Himmelskuppel war die Vorlage für den Himmel schlechthin. Wahrscheinlich entstand hier der Prototyp, der dann in Serie ging und in die Welt exportiert wurde. Das Wasser, das von diesem Himmel fiel, war Regen, aber von eigenem Wesen. Es war kein Geprassel, keine Sturzflut, nicht sanft, nicht weich. Dieses Wasser fiel einfach herab, benetzte und tränkte alles mit einer übersatten Feuchte, die alles rutschig und instabil machte. Wir mussten nun vorsichtig gehen, denn jeder Fehltritt könnte zu einem Knochenbruch führen, und das wäre eine Katastrophe. Wir gingen immer weiter hinunter in eine scheinbar bodenlose Schlucht, kurz bevor das Licht völlig erlosch, kamen wir an den Ort, an dem die Träger unser Lager errichtet hatten.

Wie sie darauf kamen, hier lagern zu wollen, bleibt mir ein Rätsel. Denn das war kein Lagerplatz, das war die Hölle. Wir standen am Eingang zu einer tiefen Schlucht, und über uns ragten granitfarbene Felsen empor, feucht vom Wasser, das auch aus dem winzigsten Riss quoll. Eine schöne magentafarbene *Impatiens* wuchs an den Felswänden, begleitet von einer Art kleinblättriger *Rhododendron*. Wir befanden uns in einer dicht wachsenden *Edgeworthia*, eine Pflanze, die ich nur von einer Illustration kannte und die mich nur mäßig interessierte, weil sie nichts für Vermont war. Sie war schön, wie alle Pflanzen, die man in ihrem natürlichen Lebensraum sieht, wenn sie ungestört wachsen können und nicht von einem Gärtner beobachtet, gehegt oder besessen werden wollen. Dort, wo unsere Zelte aufgestellt waren, wurde ein großes Stück *Edgeworthia* gefällt und beiseitegeworfen, um Platz für uns zu machen. Das tat weh. Genauso weh hatte es einige Tage zuvor getan, als Dan eine *Viburnum* gesehen hatte, eine Pflanze, die in seinem Garten nahe Seattle die Königin ist, aber im Dorf Chichila den Tieren verfüttert wird.

Unser Abendessen waren hauptsichlich Kartoffeln. Immerhin waren sie gar, aber das nur, weil wir weiter unten waren und der Druckkochtopf daher funktionierte. Aber ich hatte kaum Appetit. Ich kroch ins Zelt und in meinen Schlafsack. Es regnete die ganze Nacht, und ich betete, dass sich nichts über mir löste und mich erschlug. Nichts dergleichen geschah. Am nächsten Morgen flohen wir geradezu. Wir alle – Pflanzenjäger wie Träger – brachen in größter Eile auf. Wir gingen aus der Schlucht heraus und vorsichtig über den felsigen, schlammigen, rutschigen Weg. Es war dunkel und kalt den ganzen Weg über. Erst nach drei Stunden kam die Sonne wieder. Oben angekommen, ruhten wir uns aus, und versuchten, mit Humor an die Nacht am Grund der Schlucht zurückzudenken. Bald, wie bei allen unseren Erfahrungen, schien es wie eine Ausgeburt unserer Fantasie, so abenteuerlich und dramatisch wie es war. Eine Panorama-Aussicht auf grüne bewaldete Berge bis dorthin, wo sie den ewig-blauen wolkenlosen Himmel berührten, entschädigte uns. Am Vortag hatte ich zur Mittagszeit einen Jungen gesehen, der nicht zu unserer Gruppe gehörte, und mit ein paar Kühen an uns vorbeilief. Er lief in dieselbe Richtung wie wir. Nun sah ich ihn wieder, aber er ging auf den Ort zu, wo ich ihn am Tag zuvor gesehen hatte, der Ort, an dem wir zu Mittag gegessen hatten, der Ort, den ich vielleicht nie wiedersehen würde. Und es wurde mir wieder klar, dass jeder Moment, den ich erlebt hatte, absolut einmalig und unvergesslich war, gleichzeitig war ich gefangen in der Mechanik alltäglicher Routine.

Kurz vor Donje, das wir für unser Nachtlager auserkoren hatten, machten wir Mittagspause. Ein entspannter, verträumter Ort. Es schien ein kleines Kloster zu sein, viele Gebetsfahnen wehten über einen Platz, der für heilige Handlungen bestimmt schien. Die Großfamilie, die dort lebte, war sehr freundlich und gab uns nicht das Gefühl, dass unser plötzliches Auftauchen störte. Sunam kaufte ein wenig frisches Gemüse fürs Mittagessen, etwas, das wir schon lange nicht mehr gehabt hatten, und als wir feststellten, dass die Frau des Hauses eine fußbetriebene Webmaschine hatte, mit der sie schöne Schürzen webte, die die Frauen in dieser Region trugen, fragten wir uns, ob wir welche kaufen konnten. Sie hatte gerade keine vorrätig, also verkaufte sie die, die sie gerade trug. Unsere Kaufwut ist schnell begründet: Wir hatten Angst davor, keine Belege, keine Erinnerungsstücke für diese Reise zu haben, dass wir uns vielleicht alles nur eingebildet hätten. Die beeindruckende Sammlung von Samen schien nicht genug. Von dort konnten wir den Ort für unsere Nachtruhe sehen, das Dorf Donje mit seinen gelb gestrichenen Häusern. Wir hatten schon eine ganze Weile keine bunten Gebäude mehr gesehen.

Gegen halb drei nachmittags kamen wir in Donje an. Die Sonne schien noch mit voller Kraft, es war heiß und trocken und keine einzige Wolke am Himmel. Aber dieses Dorf war ein Ort, über den ich wahrscheinlich bei mir zu Hause in den Lokalseiten der Zeitung gelesen hätte. Maoistische Guerillas hatten die nepalesischen Amtsträger mit vorgehaltener Waffe vertrieben. Das Polizeigebäude war bis auf die Mauern niedergebrannt. Es war eine Ruine. Das Schulgebäude war intakt, aber geschlossen. Die vertrauten roten Buchstaben prangten an der Mauer. Oberhalb des Dorfes stand ein schönes weißes Haus, ein Tempel. Er hob sich aufgrund seiner Lage und Farbe deutlich von den anderen Gebäuden ab. Er strahlte in einem makellosen Weiß, während die anderen Gebäude cremegelb waren. Der Tempel war geschlossen worden, weil die Maoisten jede Religion verboten hatten. Auch die Schule war zu, aber Sunam sah die Ursache in einem Feiertag. Ich wollte wissen, was für ein Feiertag das war, aber ich hatte mitgekriegt, dass Sunam, jedes Mal, wenn wir in ein Dorf kamen (und damit hatte er nach Num angefangen) und es irgendwelche Probleme gab, erklärte, es wäre ein Feiertag. Ich ließ es darauf beruhen.

Kaum hatten wir unser Lager aufgeschlagen, kamen die Maoisten. Zu diesem Zeitpunkt hieß Lager aufschlagen, alle gesammelten Samen auszubreiten – es waren schon fünfhundert Pakete – und sie in die Sonne zum Trocknen zu legen. Einige von ihnen mussten noch einmal gesäubert, gewaschen und von unerwünschtem Beiwerk befreit werden. Vielleicht ist es gerade dieser Augenblick, der uns als Metapher für den Garten-Enthusiasmus gelten darf. Hier hatten wir Samen. Beginnen sie zu keimen und haben sie ein günstiges Klima, wachsen sie zu den schönsten Pflanzen mit den prachtvollsten Blüten heran. Und hier waren wir – in Lebensgefahr. Und unser Traum vom Traumgarten zu Hause würde mit uns untergehen.

Die Situation war tatsächlich auf der Kippe. Die Maoisten zeigten sich von einer Seite, die wir noch nie gesehen hatten, martialisch, donnernd und äußerst bestimmt. Einige von ihnen schienen Tibeter zu sein, aber die meisten sahen aus wie Inder. Sie trugen den roten Stern am Revers. Sie verlangten, dass wir uns alle hinsetzten und ihnen zuhörten. Das gelang nur mit Sunam, Thile und Mingma und einigen anderen Nepalesen. Wir – Dan, Bleddyn, Sue und ich – verstanden kein Wort. Denn sie sprachen in Nepali. Und so kümmerten wir uns weiter um die Samen. Cook widmete sich dem Abendessen . Sunam – vielleicht ahnte er, was da noch auf uns zukommen würde – hatte dort, wo wir zu Mittag gegessen hatten, drei Hühner gekauft und war damit beschäftigt, sie zu schlachten, zu putzen und zu verarbeiten. Der maoistische Vortrag dauerte bis zum Sonnenuntergang. Sie erwähnten immer wieder die Demütigung, vom ehemaligen nationalen Sicherheitsberater der Vereinigten Staaten, Powell, Terroristen genannt zu werden, und dann zogen sie ab. Danach legte sich die Anspannung in unserem Lager keineswegs. Sunam versuchte zur Entspannung beizutragen, indem er mit ein wenig *Chang* wiederkam. *Chang* war von den Maoisten verboten, man konnte ihn nur heimlich kaufen, und sogar fürs Trinken musste man sich etwas einfallen lassen. Wir tranken ihn aus großen Bambuskrügen und durch einen Bambusstrohhalm. Es schmeckte schrecklich, aber ich muss genug davon getrunken haben, denn ich war betrunken. Nachdem ich zum Zelt getaumelt war und in meinem Schlafsack lag, konnte ich die anderen noch lange hören. Später hörte ich ein lautes Dröhnen und hielt es zunächst für Erdrutsche, aber Sunam klärte uns auf, dass es von den Bombentests der Maoisten kam. Als ich mitten in der Nacht zum Pinkeln aus dem Zelt ging, hatte ich zwar Angst, den Maoisten vor die Flinte zu geraten, aber ich nahm auch den klaren, reinen Sternenhimmel war. Wir wollten diese Nacht schnell hinter uns bringen, die latente Bedrohung für uns und unseren Samenschatz durch Menschen, die uns nicht mögen, aus dem Gedächtnis streichen. Wir entschieden, etwas dagegen zu unternehmen. Wir gingen durch ein Dorf, das eines ihrer Hauptquartiere war, hinunter zum Mewa Khola und überquerten ihn in der Annahme, wir wären sie los. Ich sah zu meiner Überraschung eine *Begonia,* die aussah wie eine Zimmerpflanze, am Ufer des Mewa Khola wachsen. Wir gingen an einem kleinen Gebäude vorbei, einer Kapelle mitten im Wald am Flussufer. Während wir vorangingen, wurde uns klar, dass wir das wirkliche Sammler-Paradies hinter uns gelassen hatten. Nach der Mittagspause machten wir uns auf den Weg und stießen auf ein freistehendes Anwesen mit vielen Tieren, Schweinen und Kühen, und Feldern mit Getreide und Gemüse. Das Wohnhaus war liebevoll mit braunen Rauten auf frischem Anstrich bemalt. Wir waren am Ufer des Mewa Khola, und wir konnten ihn auf seine Endstation zurauschen hören. Sunam zeigte uns den Weg, den er für die geplante Route hielt. Der Weg lag – ohne Übertreibung – eineinhalb Kilometer höher. Wir mussten die Köpfe in die Nacken legen, um ihn überhaupt zu sehen. Wir streiften an diesem Nachmittag durch Gegenden, in denen Weihnachtsstern und *Datura* wuchsen, beides echte Mexikaner. Sie blühten und hatten so dicke Stämme wie die Ahornbäume in Vermont. Wir überquerten tosende Flüsse. Ein einziger falscher Tritt konnte in einer Katastrohe enden. Es ging hauptsächlich bergab, wir durchquerten Hirsefelder und landeten schließlich im Dorf Phapung, in dem ein Banner mit rotem Stern gespannt war. Es gab hier vier kleine Geschäfte, jedes verkaufte dasselbe, und – warum auch immer – das Dorf wirkte sicher. Warum aber? Vier kleine Geschäfte, jedes gleich schmutzig und gleich chaotisch, oder gleich schmutzig und gleich ordentlich, die gleichen Miniseifen wie in amerikanischen Motels. Alle Männer trugen dieselben kleinen Hüte. Einige von ihnen schienen erfreut, uns zu sehen (wir waren skeptisch), einige von ihnen schienen wütend auf uns zu sein (uns wurde angst und bange), einigen schienen wir egal zu sein (wir wurden misstrauisch), kurz und gut: Wir fühlten uns dort nicht wohl.

Wir wanderten ein Flussufer entlang. Es war mit Exkrementen übersät, menschlichen wie tierischen. Wir gingen zum Wasser und wuschen uns, wohl wissend, dass der Fluss alles mit sich führte, was die Menschen weiter oben hineingeworfen hatten. Aber wir brauchten dringend eine Erfrischung, und Wasser bietet immer die Illusion von Erneuerung. Wir ignorierten den Gestank und versuchten, uns zu säubern. Es gelang nicht, und wir spürten es. Zum Abendessen gab es Nudeln, die absolute Lieblingsspeise meines Sohns. Diese Ramen-Nudeln kamen aus irgendeiner indischen Fabrik und nicht aus Japan, wie die, die Harold mag. Seltsamerweise strahlte dieses maoistisch kontrollierte Dorf Ruhe und Sicherheit aus. Bier und

Zigaretten waren hier verboten, vielleicht hat uns das beruhigt. Alle Laster waren unter Kontrolle. Zu jenem Zeitpunkt schienen mir unaufgeregte Zeitgenossen ein Segen.

Am Morgen machten wir uns nach den üblichen Ritualen auf den Weg. Unsere Reise gemahnte an ihren Anfang nun, da ihr Ende nahte. Wir marschierten, nur diesmal ging es abwärts. Viele kamen uns entgegen. Aber noch viel mehr gingen in dieselbe Richtung wie wir. Wir sahen die gleichen für mich nicht identifizierbaren Vögel vorbeiflattern und hörten das gleiche Kreischen einer Getreidemühle. Wir spürten das drohende Ende unseres Abenteuers. Plötzlich wimmelte es auf dem Weg von Menschen, die meisten eher Inder als Tibeter. Unsere Anwesenheit, besonders meine, schien nicht mehr so interessant. Es war mitten am Tag, als wir, erschöpft von Marsch und Hitze und verärgert über den vielen Müll, sahen, wie ein Engländer mit Regenschirm auf uns zukam. Er war nicht minder erstaunt uns zu sehen. Er hatte von Dan und Sue und Bleddyn gehört, obwohl diese noch nie von ihm gehört hatten. Er ging das Tal hinauf und nahm die Wege, auf denen wir gekommen waren, um ebenfalls Pflanzensamen zu suchen. Er wollte hinauf nach Topke Gola und dann nach Thudam auf der Jagd nach Rhododendronsamen. Monate später wusste Dan zu berichten, dass der Engländer in Thudam ein paar Maoisten in die Hände gefallen und von ihnen bis auf die Kleidung ausgeraubt worden war. Aber alles in allem hatte er wohl Glück, am Leben geblieben zu sein. Bei unserer Begegnung mit ihm waren wir neidisch, weil er dorthin ging, wo wir gewesen waren und weil er vielleicht Pflanzen finden würde, die wir nicht gesehen hatten, die wir vielleicht vor allem an jenem schrecklichen Tag verpasst hatten, als wir im Eiltempo von Topke Gola herabgestiegen waren und die Nacht in der Schlucht zwischen *Edgeworthia* verbringen mussten.

Den ganzen Nachmittag über wanderten wir auf hohen Felsformationen oberhalb des Mewa Khola. Er hatte sich zu einer brausenden, tobenden Wassermasse ausgewachsen. Wir überquerten ihn, dort, wo er mit dem Tamur zusammenfloss. Wir wollten die Nacht auf dem Schulhof des Dorfes Handrung verbringen, aber alle Kinder aus der Schule, von denen keines älter als zwölf schien, strömten aus ihren Klassenzimmern und scharten sich um uns. Sie starrten uns an, als ob wir direkt ihren Schulbüchern entsprungen wären. Sie rückten uns immer mehr auf die Pelle, und es stand zu vermuten, dass eine Nacht in ihrer Gesellschaft ein Albtraum wäre. Also führte uns Sunam über den Tamur, an die Stelle, wo er auf den Mewa Khola traf, und wir zelteten am Ufer. Auf dem Weg dorthin kamen wir an einem Restaurant und einem Geschäft vorbei. Es gab Bier. Wir kauften mehrere Flaschen, setzten uns nackt in den Fluss und tranken es. Mit Ausnahme der einen Nacht, als die Maoisten kamen und Sunam zur Beruhigung *Chang* besorgt hatte, hatten wir keinen Alkohol mehr getrunken. Nun waren wir am Ufer des breiten, trägen, mächtigen Tamur. Der hatte es nicht nötig, lautstark zu tosen, um sich den gebührenden Respekt zu verschaffen. Und den hatte er. Denn niemand hätte sich getraut, in seinem Wasser zu schwimmen. Also saßen wir an seinem sandigen Ufer. Und hier geschah etwas, das ich nie vergessen werde. Ich suchte einen Platz zum Pinkeln. Ich ging weg, allein, weg von den Trägern und Sherpas, irgendwohin, wo man mich unmöglich sehen würde. Ich trug nur Sport-BH und Unterhose und fühlte mich schon genug exponiert. Und als ich mich unbeobachtet wähnte, fing ich an zu pinkeln. Bevor ich mich hinhockte, sah ich in weiter Entfernung ein dunkel- und hellblaues Gebilde. Ich konnte nicht ausmachen, worum es sich handelte, da es sich am gegenüberliegenden Flussufer befand. Während ich pinkelte, kam ich auf die Idee, dem Gebilde zuzuwinken. Und das Gebilde winkte nicht nur, sondern stieß auch Jubelschreie aus. Ich pinkelte weiter. Das Gebilde, eine Gruppe Jugendlicher, blieb stehen, und sie schauten mich an.

Wir tranken den ganzen Abend und blieben so lange wach wie seit Kathmandu nicht mehr. Ich stand draußen und sah Flughunde in der Größe von Tauben um mich herumflattern, auf der Jagd nach Insekten, die ich nicht erkennen konnte. Diese Nacht war wie immer klar und hell, und wenn mein betrunkenes Gehirn die Anordnung der hellen Lichter am Himmel verstanden hätte, hätte ich noch mehr Spaß gehabt. Ich ging schlafen. Wir waren betrunken, aber ich mehr als die anderen. Und am nächsten Tag, als es nach Taplejung ging, der Stadt, die formal das Ende des Abenteuers bedeutete, das Gegenstück zu Tumlingtar, wo alles angefangen hatte, hatte ich einen solchen Kater, dass ich dachte, ich würde sterben. Nie zuvor auf dieser Reise in dieser Höhe, deren Strapazen nicht nur meinen Körper, sondern mein ganzes Ich herausgefordert hatten, war ich so demoralisiert und krank.

ES IST VORBEI

Um nach Taplejung zu gelangen, mussten wir zunächst zum Tamur (unter 914 Meter) absteigen und dann wieder auf 1829 Meter aufsteigen. Als wir an jenem Morgen loslegten, konnte ich kaum glauben, dass der Weg wirklich so anspruchsvoll sein würde. Ich hatte auf dieser Reise schon viele Höhenmeter an einem Tag zurückgelegt und war mittlerweile an lange, mühevolle Besteigungen gewöhnt. Natürlich hatte ich da keinen Kater. Wir starteten bei einem Dorf oberhalb des Tamur, ein wunderschönes Dorf mit vielen Terrassengärten, mit Gemüse, Kürbissen, Bohnen, Mais und Zierpflanzen, meist Ringelblumen, *Datura* und Weihnachtssternen. Unterwegs fanden wir von Zeit zu Zeit einen Platz zum Ausruhen, einmal war es eine Bank unter einem Baldachin von *Ficus*-Bäumen.

Auf dem Weg nach Taplejung kam ich an wunderschön angelegten Terrassen vorbei, auf denen Nutzpflanzen angebaut wurden, die mir aus meiner Kindheit auf einer Insel unweit des Äquators vertraut sind. Um mich herum war das üppige Wachstum der Tropen: Mais, eine Pflanze, die aus Südamerika stammt; Kartoffeln, ursprünglich ebenfalls von dort, und Bohnen. *Ficus*-Bäume schmückten den Straßenrand und luden zum Rasten ein. Wir begegneten vielen gut gekleideten Menschen, Männer in Anzügen und Frauen in eleganten Kleidern. Alle trugen Flip-

Flops, und alle traten sicherer und waren viel schneller als wir in unseren teuren Wanderschuhen. Auf dem Weg versteckten die Wolken den Kangchendzönga, der gefühlt nur einen Steinwurf entfernt war. Wir blickten in den Himmel in der berechtigen Erwartung der regional-typischen Wetterwendigkeit, während es so aussah, als bliebe alles genau wie jetzt. Aber die Wolken blieben vor dem Kangchendzönga hängen. Der schien sie von uns fernzuhalten. Die Sonne blieb uns erhalten. Ich kämpfte weiter, fühlte mich krank, zum erstenmal auf der Reise wirklich krank; ich hinkte den anderen hinterher und konnte mich mit nichts trösten, schon gar nicht mit dem Gedanken an einen wunderbaren Zufallsfund, der eine echte Bereicherung meines Gartens in Vermont wäre. Wir kamen an einem Militärposten vorbei, und er machte uns gleich Angst, denn alles, was mit der Regierung zu tun hatte, war den Maoisten ein potenzielles Ziel. Schließlich erreichten wir Taplejung. Die Zivilisation machte mich traurig. Der Ort wirkte wie ein überfülltes Labyrinth, es herrschte ein großes Durcheinander. Jedes Obst, das ich kannte, Apfel, Orange, Ananas, konnte man als Saft in einer Flasche kaufen. Jedes Tier, das ich kannte, Schwein, Vieh, Huhn, stand zerlegt und abgepackt im Regal. Es gab Konserven mit Lachs, Thunfisch und Makrele.

Ich kaufte eine Dose Corned Beef und bat Cook, es mir zum Mittagessen zuzubereiten. Sunam arrangierte irgendwie, dass Cook in einem Restaurant für uns kochte. Die Aussicht auf den Wolken-verhangenen Kangchendzönga war unglaublich schön. Während wir auf das Mittagessen warteten, saßen wir auf Bänken in einer Wiese. Auf diesem

Rasen sollten unsere Zelte aufgebaut werden, hier sollten wir die Nacht verbringen. Aber der Gedanke, die Nacht in einer Stadt zu verbringen, die heiß und laut war, mit Menschen, die ihrem Alltag nachgingen, machte uns trübselig. Schwer vorzustellen, dass wir erst vor ein paar Nächten in der Stille und Abgeschiedenheit von Topke Gola waren, dass ich auf *Meconopsis* und *Primula* lief und beim Versuch, sie zu umgehen mich in *Berberis*, Wacholder und kleinblättrigem *Rhododendron* verfing.

Sogar der Himmel war jetzt wie sonst, weit und nicht mehr gewölbt; er suggerierte nicht mehr die Form des Globus und damit die Vorstellung, dass wir auf magische Weise an ihm hingen wie an einem Dach.

Dan plante mit Sunam unseren Trip zum Flughafen in Suketar. Ein Ort, an dem niemand wohnte und nur Flugzeuge ankamen und abflogen. Es hieß, er liege acht Kilometer über uns, aber zu dem Zeitpunkt schien er über 800 Kilometer weit weg zu sein. Vielleicht war es das Ende der Reise, vielleicht war es, dass wir wussten, sobald wir Suketar erreichten, würde es keinen Garten geben, damit meine ich, keine Pflanzen, die Samen für mich und meinen Garten in Vermont bereithielten. Bleddyn fand ein paar *Codonopsis* mit Früchten und ein paar Samen, aber sie schienen uns nicht neu; wir waren ihnen schon begegnet, und ließen sie daher links liegen. Unser Abschied von hier wurde Thema Nummer eins. Es war wie zu Beginn unseres Abenteuers, als wir Kathmandu verließen, in Tumlingtar ankamen und alles, was damit einherging, von größter Bedeutung war. Am Ende wohnte also auch

Die Autorin packt für den Rückflug zusammen.

dem Abschied eine Verzweiflung und Nervosität inne. Wir wollten abreisen, und unser Ziel lag hinter Kathmandu, unser Ziel war zu Hause und der Komfort und die Schönheit unserer Gärten. Auf dem Weg hinauf nach Suketar kamen uns viele Menschen entgegen. Sie schenkten uns keinerlei Aufmerksamkeit, wir waren nichts Neues für sie. Der Flughafen von Suketar ist ein Ausgangspunkt für Trekks zum Kangchendzönga. Wir kamen am Flughafen an und trafen auf zahlreiche bewaffnete, nepalesische Soldaten. Der Flughafen hatte eine strenge Ausgangssperre. Alle Lichter mussten um Punkt acht Uhr gelöscht werden. Die Soldaten würden danach auf alles schießen, was sich bewegte.

Es wurde dunkel. Wir waren an einem Ausgangspunkt einer von mehreren Routen für Trekks zum Kangchendzönga. Eine Gruppe von Italienern, soeben retour vom dortigen Basislager, campte in der Nähe. Eine Gruppe von Deutschen war auch da. Als Amerikaner und Briten dachten wir, die Italiener auf freundliche Art necken zu können. Als Amerikaner und Briten machten wir uns auch über die Deutschen lustig. Denn sie hatten den besten Platz am Flughafen ergattert. Orte wie der Flughafen waren übliche Angriffsziele für die Maoisten. Die Deutschen, weil sie vor uns am Flughafen angekommen waren, lagerten in einem relativ geschützten Bereich außerhalb der potenziellen Schusslinie. Als wir dort ankamen, war der einzige Platz, der noch zum Campen geeignet war, der prekärste Ort: eingekeilt zwischen Armee und Maoisten. Das Abendessen bestand aus Instantnudeln. Wir waren in einem Restaurant, das einer schönen, tibetisch aussehenden Frau gehörte, die behauptete, dass ihr Ehemann ein Offizier in der Königlich Nepalesischen Armee war. Dan und ich überlegten, ob dieser Umstand für oder gegen unseren Restaurantbesuch sprach. Was, wenn die Maoisten sie besonders wegen des Jobs ihres Ehemannes hassten? An den folgenden beiden Abenden aßen wir woanders. Jeden Abend um acht Uhr waren wir alle in unseren Zelten und Schlafsäcken. Alles wurde dunkel und still. Wir hörten weder einen Mucks von den Maoisten noch von ihren Kontrahenten und waren heilfroh, als der Morgen kam, ohne dass etwas passiert war.

Ich wurde wirklich krank und fühlte mich nicht in der Lage, das Zelt zu verlassen. Ich konnte nicht einmal frühstücken, geschweige denn irgendeine andere Mahlzeit zu mir nehmen. Ich konnte nur Wasser trinken und zum kleinen Zelt gehen, das als ein Nebengebäude für uns eingerichtet worden war, um Zeug auszuscheiden und auszuspucken, von dem ich nicht einmal erwartet hatte, dass es in mir war. Drei Tage lang lag ich in meinem Zelt und wartete auf ein Flugzeug, das uns abholte. Diese Tage waren grell und heiß, aber die Landschaft in der Ferne, mit dem Kangchendzönga auf der einen Seite, dem Makalu auf der anderen und dem Mount Everest in der Ferne dahinter, blieb verschleiert; und in alldem fühlte ich mich, als wäre ich mitten in einem Märchen. Zweifelsohne waren diese berühmten, legendären Wahrzeichen der Himalaya-Landschaft alle da, aber sie waren größtenteils vor mir verborgen, wiewohl sie die ganze Zeit in Sichtweite waren. Eines Tages deutete Sunam durch den Nebel und viele Wolken auf einige weiße Stellen in der Ferne und sagte, es sei der Makalu. Ich kann mich nicht mehr erinnern, ob er auch den Kangchendzönga erwähnt hatte. Das ist auch egal, denn Dan und ich hatten beschlossen, ihn eines Tages zu umrunden. Selbst als wir nicht wussten, ob wir die Zeit am Flughafen überleben würden, dachten wir schon an eine mögliche Rückkehr – über neue Wege, die Landschaft zu erkunden und Pflanzen zu entdecken, die in unseren Gärten wachsen würden.

In diesen Tagen am Flughafen, im Schlafsack, nackt, fühlte ich mich sterbenskrank. Und Sterben schien mir eine plausible Alternative. Es war nicht die Ungewissheit darüber, ob wir es schaffen würden, in allerletzter Minute vom Flughafen wegzukommen, die mich fertigmachte. Es war nicht der Kater nach eineinhalb Flaschen Bier am Abend zuvor am Ufer des Tamur, der mich so aus der Fassung brachte. Sicher war es auch nicht die Angst vor den Maoisten, die möglicherweise den Flughafen angriffen. Ich war einfach ausgelaugt – von der Anstrengung des Wanderns im Himalaya. Den Tag einfach so vor mich hinplätschern zu lassen war ein starker Gegensatz zu den Abläufen der Tage davor. Die vergangenen Tage waren wie ein Traum, da er nun aber Wirklichkeit geworden war, haftete er an mir. Ich hatte in diesem Traum einige Samen gesammelt, und während ich krank im Zelt lag, putzten und trockneten und etikettierten und nummerierten Dan, Bleddyn und Sue draußen die Beute. Die Tage waren klar, der Himmel wolkenlos, die Sonne strahlte, und doch war es kalt. In der Ferne lag in einer Richtung der Kangchendzönga; in der anderen lag der Makalu; beide hinter einem Wolkenschleier.

Am Ende des dritten Tages unseres Aufenthaltes am Flughafen und in der Hoffnung, die Maoisten würden ihn nicht angreifen, konnten wir abfliegen. Wir verabschiedeten uns von den Trägern und allen anderen, die uns von Anfang an begleitet hatten. Dan monierte, dass es keinen richtigen festlichen Abschied mit Tanz und Tränen gab wie acht Jahre zuvor, als die damalige Samensammel-Expedition zu Ende ging. Aber besser kein feierlicher Abschied und eine sichere Abreise als ein feierlicher Abschied gefolgt von einer Katastrophe. Wir stiegen in das Flugzeug, das aussah wie jene Flugzeuge, die immer nach tödlichen Unfällen in den Nachrichten gezeigt werden, Flugzeuge voller Menschen aus reichen Ländern, die in der Ferne das Abenteuer suchen. Alles lief gut. Durch die Fenster des Flugzeuges sah ich die ganze Gipfelkette Nepals. Sie sah aus wie auf einem Kalenderfoto, immer an Ort und Stelle, Tag für Tag, Monat für Monat, Jahr für Jahr, eine Kulisse unberührt von Zeitläufe. Tage später, in Kathmandu, hörten wir, dass der Flughafen, auf dem wir einige Tage gecampt hatten, während wir auf ein Flugzeug warteten, von Maoisten angegriffen worden war und dass einige Menschen gestorben waren.

Wir verbrachten drei Tage auf dem Dach unseres Hotels in Kathmandu und säuberten und trockneten Samen, etikettierten sie, nummerierten die Päckchen, bereiteten sie darauf vor, geprüft und nach einer ordnungsgemäßen Prüfung durch die zuständigen Behörden, nach Wales (zu Bleddyn und Sue), nach Kingston, Washington (zu Dan) und nach North Bennington, Vermont (zu mir) geliefert zu werden. Das Wetter war perfekt: heiß und trocken, wolkenloser Himmel. Wie am Anfang sah ich die Wäsche der gleichen Familie, die zum Trocknen auf einer Leine auf dem Dach hing. Ein Orangenbaum, der vor drei Wochen grünen Früchten trug, war jetzt über und über mit reifen Früchten beladen, und von Zeit zu Zeit würde jemand kommen, ihn schütteln in der Hoffnung, dass die reifen herunterfallen. Die Himalaya-Krähe, ein Vogel mit dichtem schwarzen Gefieder und einem grauen Federband am Hals, das wie eine Halskette wirkt, flog in seiner vertrauten, beunruhigenden Art über meinen Kopf. Als die Nacht kam, sammelten wir die Samenpäckchen ein, bewunderten die Flughunde, die den Nachthimmel ähnlich bevölkerten wie die Krähen den Taghimmel. Wir frühstückten, wir aßen zu Mittag, wir aßen zu Abend, alles in einem Restaurant.

Dan, Sue, Bleddyn und ich saßen auf dem Dach zwischen den Samen, die wir gesammelt hatten, als wir plötzlich ein lautes Geräusch hörten, eine Explosion. Es klang nicht wie Donner, es klang wie eine Bombe. Wir schauten hinaus und sahen eine schwarze Rauchwolke aus einem Gebäude in der Nähe aufsteigen, vielleicht einen halben Kilometer entfernt. Dann hörten wir ein lautes Geräusch und sahen eine undurchdringliche, schwarze, kugelförmige Wolke aufsteigen, nicht weit von der ersten entfernt. Wir hörten eine dritte Explosion, konnten aber nicht sehen, woher sie kam. Die Maoisten hatten einen Streik ausgerufen. Alle Transportmittel mussten stillstehen. Alle Geschäfte mussten schließen. Wir sammelten unsere Samen und legten sie weg bis zum nächsten Tag, an dem sie nach einer Inspektion durch die richtigen Leute verschifft wurden. Und dann warteten wir darauf, diesen Ort zu verlassen, Kathmandu in Nepal, wo meine Gartenträume wohnen. Ich erinnerte mich an den Enzianteppich, den ich auf dem Weg nach Topke Gola sah und auch beim Abstieg. Und an den dicken *Delphinium*-Teppich, fünfzehn Zentimeter hoch, gräulich, bläulich und haarig, blühend im schmelzenden Schnee. Da waren die Rhododendronwälder mit neun Meter hohen Exemplaren. Ich wusste vorher nicht, dass Rhododendren, die neben Häusern wuchsen, auch anders wachsen konnten als dicht an einem Haus. Ich erinnerte mich an alles, was ich gesehen hatte, aber vor allem erinnerte ich mich an alles, was ich gefühlt hatte. Ich erinnerte mich an meine Ängste. Ich erinnerte mich wie praktisch jeder Schritt, den ich gemacht hatte, voller Erinnerung an meine Vergangenheit war, die jüngere mit meinem Sohn Harold, ganz allein in Vermont, und meine Liebe zu ihm und meine Angst, ihn zu verlieren. Ich liebe den Garten, diese Leidenschaft hat mich an diesen Ort gebracht, sie hat mich dazu gebracht, durch die Ausläufer der höchsten Berge der Erde zu wandern auf der Suche nach blühenden Pflanzen, die es, dort wo ich lebe, nicht gibt, aber wohl in meinem Garten gedeihen würden. Ich erinnerte mich an die Schönheit des tiefblauen Sternenhimmels, an die Tage voll hellem Sonnenlicht und an verzerrtes Distanz-Gefühl, an die Tage des Wanderns zwischen Ahorn-, Eichen-, und Rhododendron- und Bambuswäldern, währenddessen ich stets an meinen eigenen Garten dachte.

Während ich ging und beobachtete, schien jede Pflanze, sei es ein Baum, ein Strauch oder eine krautige Staude, perfekt in ihrer Umgebung. Ich schaute auf die Natur oder auf das, was man dafür hält, und ich sah zugleich einen Garten. Der Garten ist eine Erfindung, der Garten ist Erkenntnis, Selbstbezogenheit, ein Kunstgriff. Wir meinen, etwas Natürliches zu machen, wenn wir einen Garten anlegen, etwas Vergnügliches; etwas, das mit Ordnung und harter Arbeit nichts zu tun hat, etwas, das fern ist von Enttäuschung und Traurigkeit, und doch ist ein Garten oft genau all das.

Der Garten Eden ist die idealtypische Vorstellung des Gartens. Es ist der Garten, der uns allen – bewusst oder unbewusst – den Bezugsrahmen setzt. Und er ist unerreichbar. Schon als ich im Himalaya wanderte und Pflanzen für meinen Garten in Vermont suchte (ihn zu bepflanzen und zu hegen ist wie das Leben selbst, anzuhalten bedeutet Tod), war mir die Paradoxie bewusst. Vermont an sich sollte für mich schon Eden sein, ein gärtnerisches Paradies. Aber das schien mir nicht zu reichen. Ich dachte, meine Idylle erst dann in ihren idealen Zustand versetzen zu können, wenn ich sie mit Pflanzen vom anderen Ende der Welt bevölkere.

DANK

Ich möchte Jeffrey Posternak ganz besonders danken. Ebenso Philip Fisher und Elaine Scarry. Annie Shawn und Harold Shawn. Onkel Sandy und Tante Annie. Wayne Winterrowd und Joe Eck. Sunam und Thile und Mingma. William Bartram, Joseph Hooker, Frank Smythe, Roy Lancaster, Daniel J. Hinkley und Sue und Bleddyn Wynn-Jones. Und Larry Porges, dessen Freundlichkeit und Können mir unvergessen bleiben.